高标准农田
GAOBIAOZHUN NONGTIAN
建设绩效评价理论与实践
JIANSHE JIXIAO PINGJIA LILUN YU SHIJIAN

陈 正　刘瀛弢　王介勇　著

农业农村部工程建设服务中心　组编

U0201653

中国农业出版社

北 京

PREFACE

序

　　高标准农田建设是巩固和提高粮食生产能力、保障国家粮食安全的关键举措。党中央、国务院高度重视高标准农田建设，习近平总书记强调要突出抓好耕地保护和地力提升，坚定不移地抓好高标准农田建设，提高建设标准和质量，真正实现旱涝保收、高产稳产。2013年国务院批准实施了《全国高标准农田建设总体规划》，各地各部门通过实施土地整治、农田水利、农业综合开发、土壤培肥改良等工程措施，大力开展高标准农田建设。2018年机构改革后，农田建设与管理的力量得到有效整合，农业农村部门负责统筹高标准农田建设与管理。近年来，农业农村部工程建设中心承担了高标准农田建设绩效评价与相关调查研究等工作，在全国各地开展了大量调查与评价工作实践，并组织本领域专家深入开展专题研究，取得了丰硕成果，为全国标准农田建设绩效评估与管理探索了一套较为成熟的方法体系。该书是对过去高标准农田建设绩效评估与管理研究成果和实践经验的总结。

　　《全国高标准农田建设规划（2021—2030年）》规划到2025年建成10.75亿亩高标准农田，到2030年建成12亿亩高标准农田。党的二十大报告指出，未来要逐步把永久性基本农田建成高标准农田。全国高标准农田建设任务重、投资大、涉及面广。建立和完善高标准农田建设绩效评价体系，加强高标准农田建设绩效管理是扎实推进高标准农田建设的基本保障。《高标准农田建设绩效评价理论与实践》一书系统分析了当前高标准农田建设与管理的现状及存在的主要问题，论述了高标准农田建设绩效评估的基本原理，总结了绩效评估技术方法与一般程序，阐述了绩效评估重点任务。同时，基于过去大量工作实践，总结了典型区域绩效评价实践经验，提出了高标准农田建设质量与绩效提升的策略。

该书资料翔实、层次清晰、分析透彻，是一部集问题分析、理论梳理、方法总结、典型剖析、决策建议于一体的综合性著作，既有很好的理论总结，又有实用性强的技术方法介绍。它不仅可以为新时期高标准农田建设与精准化耕地保护研究提供理论素材，还可以成为地方高标准农田建设与管理实践的指导手册。本人十分愿意把该书推荐给从事耕地保护与高标准建设管理等相关管理工作者、专家学者，希望这本书能够在未来全国高标准农田建设与管理中供大家作为参考，服务国家粮食安全与耕地保护战略，切实建好高质量高标准农田，助力农业农村现代化。

农业农村部工程建设服务中心主任

郭红宇

2023 年 5 月于北京

CONTENTS 目 录

1 高标准农田建设绩效评价的背景与意义

1.1 高标准农田建设绩效评价的背景

（1）国家粮食安全与高标准农田建设　保障粮食和重要农产品稳定安全供给始终是国家现代化进程中的首要任务，是国家安全的根本保障。人多地少是中国基本国情，我国长期以来以占世界约 9% 的耕地、6% 的淡水资源，养活了世界近 1/5 的人口。我国已经进入城镇化加速发展阶段，城乡居民食物消费水平逐步提升。但是，中国人多地少水缺的农业资源条件和耕地中低产田比重较高，长期制约着农业发展，中国粮食供求长期处于紧平衡状态。同时，耕地正承受着面积减少和用途监管的巨大压力，第三次全国国土调查显示，耕地数量在 2009 年到 2019 年减少了 1.13 亿亩[*][1]。近年来，国际形势风云变幻，新冠疫情、俄乌冲突等重大事件导致地缘政治冲突加剧，贸易保护主义抬头，保障国家粮食安全压力更大、任务更重。

党的二十大报告指出，中国发展进入战略机遇和风险挑战并存、不确定难预料因素增多的时期，各类"黑天鹅""灰犀牛"事件随时可能发生。确保粮食、能源、产业链供应链可靠安全和防范金融风险还须解决许多重大问题。全方位提升耕地产能是保障粮食安全重大举措，其关键在于高标准农田建设。建设高标准农田是提高粮食综合生产能力、促进农业高质量发展的关键一招，对推进农业农村现代化、加快建设农业强国都有极为重要的现实意义和深远影响。党的二十大报告要求，未来逐步将永久性基本农田全部建成高标准农田。从全国高标准农田建设成效来看，已经建成高标准农田亩均粮食产能一般可以增加 10%~20%，节水节肥节药效果明显，部分农田实现了"一季千斤、两季吨粮"。高标准农田抗灾减灾能力大幅提升，尽管近年来极端天气多发频发，但受灾面积却不增反降，2010—2012 年 3 年平均受灾面积 4.7 亿亩，2013—

---

* 亩为非法定计量单位，1 亩＝1/15 公顷。——编者注

2015年平均3.9亿亩，2016—2018年平均3.3亿亩，2019—2021年平均2.6亿亩[2]。同时，高标准农田建设还加快了机械化作业和规模化经营步伐，促进了农民节本增收。

（2）耕地保护与高标准农田建设　耕地保护是"国之大者"，事关国家粮食安全、生态安全、社会稳定和民族永续发展。自新中国成立以来，我国始终高度重视耕地保护利用工作，从新中国成立初期对耕地资源保护的初步探索，到改革开放对耕地质量建设的逐步拓展，再到党的十八大以来对耕地生态系统维护的扩大延伸，形成了兼顾数量、质量与生态的"三位一体"的耕地综合保护利用制度。其中，高标准农田则是耕地保护制度的重要内容，是促进耕地保护和产能提升的重要举措。"农田就是农田，而且必须是良田"，把高标准农田建设作为耕地保护的关键一招，数量和质量并重、建设和管理并重，高站位、高水平、高质量推进。党的二十大立足加快建设农业强国、全方位夯实粮食安全根基，作出了逐步把永久基本农田全部建成高标准农田的战略部署。截至2022年底，全国已累计建成10亿亩高标准农田，能够稳定保障1万亿斤以上粮食产能。《全国高标准农田建设规划（2021—2030年）》提出，到2030年建成12亿亩高标准农田，改造提升2.8亿亩高标准农田，以此稳定保障1.2万亿斤以上粮食产能[3]。但是，目前高标准农田建设已经进入攻坚克难时期。高标准农田建设往往时间长、风险大、收益低，易受气候、自然灾害等外部环境影响，具有显著的区域性、季节性等特点。现有已建成高标准农田面积仅占耕地总量一半左右，不到15.46亿亩永久基本农田的2/3。而且，按照先易后难建设，剩下的都是难啃的"硬骨头"，我国现状耕地中，旱地约占一半，水田和水浇地各占约1/4，剩余要建设的耕地约2/3分布在丘陵山区，多数是旱地，建设难度大、成本高。

（3）高标准农田建设绩效评价与管理　绩效评价与管理是高标准农田建设过程中的重要环节。一个完整的高标准农田建设流程，不仅要有科学合理的规划、有效的执行，还需要对其进行系统评估。综合考虑高标准农田建设的基本属性及耕地保护、管控政策的运行情况，同时参照目前理论界有关绩效评价的基础原理，将高标准农田建设绩效评价的基本概念界定为：评估主体在全面掌握高标准农田建设情况的基础上，根据特定的评估标准、程序及科学方法，对高标准农田建设的方案设计、具体工程、作用效果及价值实现等进行的全流程考察与分析。高标准农田建设绩效评价是检验耕地利用效率、建设效果和综合效益的基本途径，是决定粮食安全政策方向的重要依据，也是构建耕地用途管控基本框架的关键内容之一。高标准农田建设作为一项农业重大投资的项目，是保障粮食安全和助力农业高质量发展的重要途径。中央和各级地方政府对"三农"问题高度重视，不断加大对高标准农田建设项目的资金投入力度，对项目建设的要求不断提高。绩效评价工作能够规范项目建设过程的投资行为，推动其进一步提升财政资金的使用效率和整个项目的内在管理水平。

虽然近些年的高标准农田建设取得了显著成效，但规划设计、施工建设、资金使用等项目管理仍存在一些问题。高标准农田建设绩效评价目前处于起步阶段，其绩效的内涵尚不明晰，绩效评价实施主体大多是政府本身，实际操作中省级、市县级、单个项目级别实施组织，存在标准不配套、规划设计标准不一、施工用料标准不一、竣工验收标准不一、绩效衡量水平也不一等情况。绩效评价的内容往往忽视了行为实施过程、组织管理效率等影响，在"耕地补充"为纲的政策指导下，多数项目片面强调耕地数量产出目标，忽视高标准农田项目建设的经济、社会和生态综合效益目标，导致效益目标单一，使绩效评价结果无法衡量较为客观的实施情况。随着这些问题的逐渐暴露，在高标准农田项目建设绩效评价管理机制尚未完全建立的情景下，开展高标准农田建设绩效评价研究是中国农业建设类项目管理的现实需求。

为确保按期实现新一轮全国高标准农田建设规划目标，切实保障高标准农田建设任务的稳步推进，本研究对高标准农田建设项目进行全面的绩效分析探索，从而推动全面了解和掌握各地高标准农田建设项目建设进展、重要工程完成情况、项目建设取得的实际成效，及时发现各地在推进农田建设项目资金管理工作中存在的问题。

1.2 高标准农田建设存在的主要问题

1.2.1 高标准农田建设主要问题

（1）沟通协调问题 高标准农田建设项目有别于其他农业建设项目，其不仅需要进行较强的综合性管理，还涉及众多职能部门。其中包含高标准农田建设项目所在区域的政府部门、发改委、农业部门、水利部门、国土资源部门、审计部门以及农业综合开发办公室等职能部门，这便导致高标准农田建设项目需要各个职能部门间进行沟通、交流、协调以及配合，并需要众多部门共同协作完成项目内容。

尽管党中央、国务院从保障粮食安全的战略出发，在新一轮机构改革中将国家发展改革委农业投资项目、财政部农业综合开发项目、原国土资源部农田整治项目、水利部农田水利建设项目等农田建设职责统一整合到农业农村部门，改变了高标准农田建设"五牛下田""分散管理"的局面，但由于缺乏必要的职权交叉认定标准以及统筹协调操作规程设定，高标准农田建设统一管理体制的作用尚未充分发挥[4]。在各个职能部门沟通、交流以及协调配合的过程中，难免会出现沟通协调不畅、问题滞留以及部门制度制约等情况，而这些情况的出现及留存，也将为各个职能部门间的通力协作带来极为严重的负面影响，从而导致建设项目问题难以得到快速、有效解决，尤其是高标准农田建设历史遗留问题。

（2）项目管理问题　对于高标准农田建设来说，其不仅是一项涉及多学科的综合性较强的工作，更是具有较高专业性的作业项目。同时，在高标准农田建设项目的实施阶段，更会涉及各类法律法规、管理制度、质量标准以及财政预算等方面内容。在如此大规模的项目建设中，在任一部门或环节中出现纰漏，均会对高标准农田建设项目的施工进度和施工质量等造成影响。而一旦有不利于项目进行的因素生成，不仅会导致建设成本的提升，更会使得竣工验收时间相应地延后。此外，在综合管理上，也会由于其存在的复杂性而导致项目建设难度的显著提升。

此外，当前高标准农田建设的推进十分重视目标导向和任务约束，确保了项目顺畅有效地落地落实。但与此同时存在的突出问题是，高度重视新增高标准农田建设，对历史原因形成的低质量存量高标准农田改造提升的实际需求却相对忽视，导致高标准农田建设任务下达与地方的实际需求错位。

（3）工程内容问题　高标准农田建设项目中，在田间的工程内容较多，且受地域因素的影响致使建设工作具有较强的分散性。并且，若设计部门未对建设区域内的农田做实地勘察与土壤取样，则无法对建设项目的实际情况做更为深入的了解与掌握。在此基础上，如果设计部门与项目施工管理部门间的沟通与协作不畅，则会因对所建设区域的农田标准认知不清，而导致前期的工作基础难以打牢。同时，由于各省市地区对于高标准农田的打造力度不断攀升，促使同一时期构建起的高标准农田建设项目也会同步增多，当设计部门进行高标准农田建设项目的设计工作时，也极易出现对各个具备明显差异性的高标准农田建设项目所做出的设计出现类似或雷同的情况。而此种情况的出现，不仅会使得项目的建设与本单位的情况不相符，还会导致后期高标准农田建设的规模与样式等出现变更，更会影响到后期的验收工作以及管护工作的顺利开展。

（4）建后管理问题　2019 年《关于切实加强高标准农田建设提升国家粮食安全保障能力的意见》中明确指出"建立健全高标准农田管护机制，明确管护主体，落实管护责任"[5]。然而，现实情况中"重建设、轻管护"的问题仍然普遍存在。早期的高标准农田建设项目标准高低不一，质量参差不齐。所应用到的田间工程设施与机械设备等，长期搁置于田间地头，并且设备间的间隔较远，布局较为分散，受施工因素的制约使得田间工程设施与机械设备等所应用的工期相对较短，且闲置的时间过长，这便导致难以对此类田间工程设施与机械设备等进行后续的管理。

此外，按照高标准基本农田建设相关规定，高标准农田项目竣工验收后应移交给农村集体经济组织负责管理运营。但实际上，在现行的农村分散经营体制下，大部分村镇经济基础薄弱，再加上缺乏可操作性的管控制度，很多建设项目完成后处于无人管护的状态，导致建设好的设施损坏失修、耕地质量下降，其至出现抛荒现象。对于流转农田，企业、合作社、家庭农场等农业生产主体更倾向于追求经济利益，缺乏有效管护，非粮化种植也比较普遍。因此，高标准农田建设项目因管理不善，易出现田间设施或机械设备丢失或损毁等情况，不仅为后续管理带来了极大的难度，还使项目的建设投入成本显著提升。

（5）资金投入问题 投入水平直接决定建设标准和工程质量。如日本政府对农田建设进行长期稳定投入，亩均投入超过 4.6 万元（人民币），80% 以上由政府承担，其中农田建设面积较大的工程投入政府承担 96%，工程有效使用期为 30~50 年。韩国政府持续加强耕地建设，承担了小型农田建设全部投入，其中中央政府占 80%。在我国，目前各地亩均建设成本一般需要3 000 元，丘陵山区一般超过 5 000 元，虽然中央财政在较为紧张情况下仍不断加大投入，2022 年总投入达到千亿元规模，但亩均投入也仅有千元左右，加上地方政府投入，往往也难以实现建设成本全覆盖[6]。

更值得注意的是，面对新增高标准农田建设任务的压力，许多地方反映2018 年以前各部门分散建设的高标准农田项目远未达到 3 000 元/亩的高标准，即使少数集中项目资金投入到"核心区"打造的样板，其建设质量与目前的高标准农田建设要求也有一定差距，其他非样板区低水平粗放建设的问题极为普遍。

1.2.2 高标准农田建设绩效评价主要问题

（1）政策衔接不够降低绩效评价质量 长期以来，高标准农田建设资金方式多表现为微观层面的农田基础设施项目投入，已然形成较为完善的政策与运作体系，但是高标准农田建设政策的完整性、系统化协调推进衔接不够。同时，高标准农田建设目前正处于由顶层设计、整体规划转向具体对待、微观施策的过渡期，衔接方案尚未进行全面实践，地方容易把农田建设简单当作宏观政策的延伸。因此在实践中高标准农田建设在衔接度、同步度上出现不同程度的断链，为后续高标准农田建设目标的实现增加了难度，加之地方农业生产环境、生产水平等因素不同导致的差异化影响，在绩效评价指标设计和具体评价时难以统一量化衡量和横向比较涉农资金在高标准农田建设过程中发挥的实际效益，影响了绩效评价质量。

（2）资金整合力度不够增加绩效评价难度 党中央、国务院高度重视高标准农田建设，2018 年 3 月，中共中央《深化党和国家机构改革方案》明确，将国家发展和改革委员会的农业投资项目、财政部的农业综合开发项目、原国土资源部的农田整治项目、水利部的农田水利建设项目等管理职责整合，划归农业农村部[7]。农业农村部新组建农田建设管理司，履行农田建设和耕地质量管理等职责。这一改革举措，彻底改变了农田建设领域"五牛治田""分散管理"的局面，进一步理顺了农田建设管理体制，为统筹抓好高标准农田建设工作奠定了坚实基础。高标准农田建设从根本上改变了涉农资金管理模式。但是，受政策性强、涉及面广、建设任务艰巨等因素影响，资金绩效管理当前仍在"试验期"，离中央全面实施预算绩效管理的要求还有很大差距。在高标准农田建设时，上级财政部门往往采取切块下达的方式分配资金，落实到基层涉农资金往往分散于多个业务主管部门，部门间组织管理机制还不够健全，"九龙治水而水难治"的问题还没有得到根本转变，易出现资金管理混乱、中央和地方财政资金统支统管、中央资金支出和管理流程不够规范等现象，增加了绩效评价工作开展难度。

（3）项目复杂性制约绩效评价开展　高标准农田建设项目建设往往时间长、风险大、收益低，易受气候、自然灾害等外部环境影响，具有显著的区域性、季节性等特点，导致不同地区、不同项目实际建设情况千差万别，单一的指标体系难以衡量高标准农田建设项目建设实际绩效，给绩效指标体系设置的科学性、完整性带来挑战。受高标准农田建设项目具体建设内容不同和历史原因影响，同一类型的绩效评价项目往往由多个部门管理，加剧了绩效评价工作的复杂性。比如：高标准农田建设项目现在一般由农业农村部门建设管理，但历史上因不同项目建设内容不同，分别由水利、发改、国土等部门分头管理，机构改革或职能调整后，易出现管理混乱、之前年度管理数据缺失等现象，导致农业农村部门对之前年度项目难以高效管理和持续推进。同时，农业项目建设专业性、长期性较强，而地方往往忽视对绩效评价人员专业性、技术性培训，影响了农业项目绩效评价高质量开展。

（4）绩效管理不严影响绩效评价效果　当前，个别市县业务部门"重分配、轻管理""重支出、轻绩效"的观念未根本转变，有的市县部门在本区域绩效目标设置时照搬硬套上级部门下达的绩效目标，绩效目标细化、量化程度不够，尤其在质量指标、效益指标设置时往往定量指标少，定性指标多，指标的内容和指标值设定不合理，绩效目标值难以真实衡量本地区实际情况。同时，个别业务部门存在"应付"心理，只管业务推进、轻视资金管理的现象仍然存在，本地区绩效评价工作开展全都积压到同级财政部门，受财政部门职能所限，难以从业务角度深层次评价财政资金投入后产生的实际效果，影响了地区绩效自评质量。个别地方绩效评价结果运用不够，督促涉农项目绩效问题整改力度不强，绩效评价结果还未与政策制定、预算安排、监督考核等环节实现有效衔接，难以发挥绩效评价工作最大效益。

1.3 高标准农田建设绩效评价的意义

（1）有利于促进高标准农田建设质量提升 实施高标准农田建设绩效评价，有利于改善耕地质量，提高粮食和重要农产品产量。通过土地整合、水源治理、种植结构调整等措施，以及增施有机肥、建设排灌沟渠、完善农村机耕道网络等，为统一引进新品种、推广新技术、开展标准化生产、提升产品质量、打造区域品牌创造了良好条件，有助于农业转到依靠创新驱动发展的轨道上来。此外，有利于加强对规划建设的重视，在土地利用上更加科学合理，强化土地保育意识和环保观念，通过良田、良种、良法有机结合，在一定程度上减轻了农业生产对环境的压力。

（2）有利于强化高标准农田建设资金使用与管理 实施高标准农田建设绩效评价，有利于强化农田建设专项资金使用绩效。一方面，有利于在宏观层面客观评价农田建设在保护耕地、保障国民发展、保障国家粮食安全、改善提升农业生产条件等方面发挥的作用；另一方面，有利于在微观层面客观评价农田建设对广大农民增加收入、节约生产成本、改善生产生活条件、优化环境等方面作出的贡献。通过开展绩效评价，可以更加全面地了解和掌握各地高标准农田建设项目建设进展、重要工程完成情况、项目建设取得的实际成效，及时发现各地在推进农田建设项目管理工作中存在的问题，为系统编制地方高标准农田建设规划、科学分解年度农田建设任务、持续优化农田建设布局、合理分配农田建设专项资金等发挥应有作用。

（3）有利于完善高标准农田建设经验与规范 实施高标准农田建设绩效评价，有利于总结过往经验，以建用结合为目标完善高标准农田建设标准体系。根据不同区域农业生产的特点和发展需求，有利于进一步明确分区域、分灌溉类型的高标准农田建设内容，同时综合考虑物价因素，构建高标准农田亩均投资标准的合理增长机制；有利于构建高标准农田建设与新型农业经营主体的对接机制，鼓励各地根据规模经营主体的实际需求制定高标准农田建设规划、调整建设内容和完善标准体系；有利于创新贷款贴息、先建后补等多种方式，加大对种粮大户、家庭农场、农民合作社、农业企业等新型农业经营主体自主实施高标准农田建设的扶持力度。

（4）有利于构建高标准农田建设绩效管理制度 实施高标准农田建设绩效评价，有利于加快构建农田建设绩效管理制度体系，科学设定绩效目标，建立并不断完善的农田建设绩效管理制度，绩效评价、运行监控、结果应用、跟踪问责等才能有章可循、有规可依、有据可查。特别是通过完善制度机制，强化绩效评价结果应用，可以彰显奖优罚劣的政策导向，更好激发各地加快推进高标准农田建设的积极性。同时，严格执行规章制度，还可以及时发现资金管理使用中的问题，及时督促整改，必要时可对履职不力、监管不严、失职渎职的机构和人员进行问责。

（5）提升高标准农田建设监督与效率　实施高标准农田建设绩效评价，有利于全面提升农田建设项目监督管理水平；加快推进农田建设绩效评价相关研究，找到农田建设管理中的薄弱环节，督促各地有针对性地提升农田建设水平，健全完善农田建设制度体系，从源头上堵塞漏洞，降低农田建设风险，提升农田建设日常监督管理水平；有利于深入落实农田建设提质增效要求；有利于推动政策落地见效、农民增收；有利于及时发现农田建设管理中的问题和潜在风险，督促相关方面立行立改，举一反三，健全管理制度，切实提升农田建设专项资金使用绩效。

2 高标准农田建设现状特征与政策演进

2.1 相关概念梳理

2.1.1 高标准农田建设

（1）概念的由来与演变 党中央、国务院高度重视高标准农田建设工作。2004 年，新世纪第一个中央一号文件提出"建设高标准基本农田，提高粮食综合生产能力"。此后几年的中央一号文件先后就建设"基本农田""标准农田""高标准农田"等作出部署。2009 年以后相关要求统一表述为建设"高标准农田"。发改、财政、国土、水利等部门认真落实中央决策部署，根据职责分工积极支持各地及农业部门提升耕地质量，分别组织实施了新增千亿斤粮食产能田间工程、农业综合开发、农田整治、农田水利等项目，建成后一般都称为高标准农田。

在 2018 年机构改革中，为统筹实施好高标准农田建设，把原来分散在有关部门的农田建设项目管理职责统一归并到农业农村部，构建集中统一高效的农田建设管理新体制，优化建设布局、完善建设内容、明确建设标准、强化项目管理。2021 年出台的《全国高标准农田建设规划（2021—2030 年）》（以下简称《规划》），按照因地制宜、分类施策等原则，把全国分为东北、黄淮海、长江中下游、东南、西南、西北、青藏七大区域，每个区域再区分平原、山地丘陵、水田旱地等分类确定建设内容和建设标准，并明确了建设重点区域、限制区域（如水土流失易发区等）和禁止区域（如退耕还林区等），严禁毁林开山造田，防止破坏生态环境[8]。截至 2022 年底，全国已累计建成 10 亿亩高标准农田，能够稳定保障 1 万亿斤以上粮食产能。

（2）概念界定 新版国家标准《高标准农田建设 通则》（GB/T 30600—2022）中对高标准农田、高标准农田建设的定义如下：

高标准农田是指田块平整、集中连片、设施完善、节水高效、农电配套、宜机作业、土壤肥沃、生态友好、抗灾能力强，与现代农业生产和经营方式相适应的旱涝保收、稳产高产的耕地。高标准农田具备"四高"特征：农田质量高、产出能力高、抗灾能力高和资源利用效率高。

高标准农田建设是指为减轻或消除主要限制性因素、全面提高农田综合生产能力而开展的田块整治、灌溉与排水、田间道路、农田防护与生态环境保护、农田输配电等农田基础设施建设和土壤改良、障碍土层消除、土壤培肥等农田地力提升活动。

耕地相关概念辨析

指标	内 容
耕地	根据《土地利用现状分类》（GB/T 21010—2017）规定，耕地是指种植农作物的土地，包括熟地，新开发、复垦、整理地，休闲地（含轮歇地、休耕地）；以种植农作物（含蔬菜）为主，间有零星果树、桑树或其他树木的土地；平均每年能保证收获一季的已垦滩地和海涂
高标准农田	是指确保优质耕地"良田粮用"。作为耕地生产能力存量中持续稳定且高效输出的部分，高标准农田特指耕地中的精华。已建成及在建中的高标准农田是应对各种不确定性冲击、保障中国粮食安全最为坚固的防线，要求其必须全部用于粮食生产
永久基本农田	高标准农田之外的永久基本农田，其与现代农业生产和经营方式适应程度仅次于高标准农田。2008 年中共十七届三中全会提出"永久基本农田"的概念，明确无论什么情况下都不能改变其用途，不得以任何方式挪作他用的基本农田。其保障非粮耕地恢复力，形成随时可进入粮食生产状态、粮食生产能力较高的流量农田，要求其重点用于粮食生产
现状耕地	是指已被划定为永久基本农田之外的现状耕地，以 18 亿亩为实现中国粮食基本自给的保守面积，以达到兼顾国土空间缓冲力和非粮耕地恢复力的目标
潜力耕地	是指对现状耕地的逐级调动不足以应对突发性外界干扰冲击时，通过一定的资金、技术投入，面向盐碱地等连片未利用地进行保护性开发储备，在必要时对于园地、废弃工矿用地等进行应急复垦，在短时间内形成可调用的潜力耕地

2.1.2 农业建设项目绩效评价

在新发展阶段下，中央和各级地方政府对"三农"问题高度重视，农业建设项目已成为保障粮食安全和助力农业高质量发展的重要途径。而高标准农田建设作为一项农业重大投资的项目，资金投入力度不断增大。绩效评价工作能够规范农业建设项目过程的投资行为，推动其进一步提升财政资金的使用效率和整个项目的内在管理水平。

绩效评价概念在现有农业政策文件中出现频率较高，内涵上侧重于预算支出执行后的结果评价，同时也强调对过程的跟踪监控，外延较丰富。其中，《财政支出绩效评价管理暂行办法》指出，财政支出绩效评价是指财政部门和预算部门（单位）根据设定的绩效目标，运用科学、合理的绩效评价指标、评价标准和评价方法，对财政支出的经济性、效率性和效益性进行客观、公正的评价[9]。农业建设项目绩效评价需要以绩效考核作为依据和手段，所以绩效评价经常与绩效考核一起使用，表述为绩效考核与评价，或者绩效考评。目前越来越强调全过程动态绩效评价，使绩效评价的内涵有所扩展，它既包含过程评价也包含了结果评价。在实践中也可以认为绩效评价自然包含了绩效考核与监测的内容。

2.1.3 高标准农田建设绩效评价

高标准农田实施绩效评价可归属于农业建设重点项目绩效评价的范畴，通常是对其农田建设项目全过程实施绩效评估。综合近年来高标准农田绩效评价相关研究成果，可将高标准农田绩效评价定义为在项目完成后 3～5 年进行的，通过对项目建设过程以及所产生的综合效益等方面进行科学客观分析，选取合理科学的评价指标，构建项目评价指标体系，选择适宜的评价方法所进行的评价活动，其目的是衡量高标准农田建设的真实效益，以更好地指导后续项目的顺利开展。

高标准农田建设"绩效"可解释为"成绩和成效"，主要由两部分构成：第一部分是成绩，即目标的达成度[10]。高标准农田建设项目申报之初所设定的一系列目标，包括定性目标和定量目标。高标准农田建设项目是否完成了当初的既定目标，是其绩效评价的内容之一。既定目标既包括经费投入与使用，还包括建设任务的完成。经费使用率、任务完成率是绩效评价的重要内容。第二部分是效果，即完成任务、达成目标之后的产出及其品质，是对目标实现度和任务达成度的衡量和反馈。效果评价归根结底也是目标评价，也有评价的参照系。但是，该目标并非最初所设定的"既定目标"，而是"潜在目标"和"现实目标"，是通过高标准农田建设的动态组织与实施，以粮食产能内在特性为基础，自然而然所生成的目标。目标管理能保证建设主体向着目标方向前进，凸显"高标准"就是农田建设绩效评价的目标和参照系，其本质就是以"实现新时代国家粮食安全战略"为主要特点的高质量发展目标。

2.2 高标准农田建设现状分析

2.2.1 全国耕地情况

第三次全国国土调查的公布数据显示：全国耕地 19.179 亿亩。其中，水田 4.709 亿亩，占 24.55%；水浇地 4.817 亿亩，占 25.12%；旱地 9.653 亿亩，占 50.33%[11]。按照种植制度可划分为一年三熟、一年两熟和一年一熟，其中一年一熟的耕地占比最高，占比为 47.87%。按照年降水量划分为 4 个等

级，其中 49.24％的耕地处于 400～800 毫米年降水量的区间。按照坡度划分
为 5 个等级，其中 2°及以下的耕地占全国耕地的 61.93％。

全国耕地分布

全国耕地（19.179 亿亩）		
土地利用类型	水田	4.709 亿亩，占全国耕地的 24.55％
	水浇地	4.817 亿亩，占 25.12％
	旱地	9.653 亿亩，占 50.33％
种植制度	一年三熟	2.824 亿亩，占全国耕地的 14.73％
	一年两熟	7.174 亿亩，占 37.40％
	一年一熟	9.181 亿亩，占 47.87％
年降水量	800 毫米以上（含 800 毫米）	6.704 亿亩，占全国耕地的 34.96％
	400～800 毫米（含 400 毫米）	9.444 亿亩，占 49.24％
	200～400 毫米（含 200 毫米）	1.921 亿亩，占 10.01％
	200 毫米以下	1.110 亿亩，占 5.79％
坡度	2°以下（含 2°）	11.879 亿亩，占全国耕地的 61.93％
	2°～6°（含 6°）	2.939 亿亩，占 15.32％
	6°～15°（含 15°）	2.569 亿亩，占 13.40％
	15°～25°（含 25°）	1.159 亿亩，占 6.04％
	25°以上	0.634 亿亩，占 3.31％

　　永久基本农田是为了保障国家粮食安全和重要农产品供给，实施永久特殊
保护的耕地。按照自然资源部"三线划定"有关工作要求，优先将 7 项可长期
稳定利用耕地划入永久基本农田；将不利于长期有效利用的耕地调出原永久基
本农田。目前，新一轮永久基本农田划定工作正在开展。但从上一轮永久基本
农田划定成果看（2018 年），全国的永久基本农田面积为 15.507 亿亩，图斑
为 4 549 万个，平均图斑面积约 34 亩。

永久基本农田的优先划入和调出情况

永久基本农田		
优先划入的情况	1	经国务院农业农村部主管部门或者县级以上地方人民政府批准确定的粮、棉、油、糖等重要农产品生产基地内的耕地
	2	有良好的水利与水土保持设施的耕地，正在实施改造计划以及可以改造的中、低产田和已建成的高标准农田
	3	蔬菜生产基地
	4	农业科研、教学试验田

（续）

	永久基本农田	
优先划入的情况	5	土地综合整治新增加的耕地
	6	黑土区耕地
	7	国务院规定应当划为永久基本农田的其他耕地
调出的情况	1	以土壤污染详查结果为依据，土壤环境质量类别划分成果中划定为严格管控类的耕地，且无法恢复治理的
	2	近期拟实施的省级及以上能源、交通、水利等重点建设项目选址确实难以避让，且已明确具体选址和规模，用地已统筹纳入国土空间规划"一张图"拟占用的
	3	经依法批准的原土地利用总体规划和城市总体规划明确的建设用地范围，经一致性处理后纳入国土空间规划"一张图"的
	4	《全国矿产资源规划（2021—2025年）》确定战略性矿产中铀、铬、铜、镍、锂、钴、锆、钾盐、（中）重稀土矿开采确实难以避让，且已依法设采矿权露天采矿的

2.2.2　高标准农田建设现状

（1）全国高标准农田建设现状　高标准农田建设规模持续扩大、布局不断优化。2019年、2020年每年建成面积超过8 000万亩，2021年建成面积超过1亿亩。截至2022年底，全国已累计建成10亿亩高标准农田，节水灌溉面积达到5.67亿亩，喷灌、微灌、管道输水灌溉等高效节水灌溉面积达到3.5亿亩，稳定保障1万亿斤以上粮食产能，19.18亿亩耕地超过一半是高标准农田。此外，累计建成各类灌排渠道超600万公里、田间道路超1 000万公里、小型农田水利设施超2 000万处。2030年规划建成12亿亩的基础上，加快把15.5亿亩永久基本农田全部建成高标准农田，同步改造提升超过使用期限的已建高标准农田设施，以此稳定保障1.6万亿斤以上粮食产能。

（2）各分区建设现状　从分区分布看，各区以永久基本农田、粮食生产功能区和重要农产品生产保护区为重点，集中力量建设高标准农田，着力打造粮食和重要农产品保障基地。七大分区的建设现状为：①东北区已经建成高标准农田面积约1.67亿亩。就现状问题分析，已建高标准农田投资标准偏低，部分项目因设施不配套、老化或损毁，没有发挥应有作用，改造提升需求迫切。②黄淮海区已经建成高标准农田面积约1.76亿亩。就现状问题分析，已建高标准农田投资标准偏低，部分项目工程设施维修保养不足、老化损毁严重，无法正常运行，改造提升需求迫切。③长江中下游区已经建成高标准农田面积约1.77亿亩。就现状问题分析，已建高标准农田建设标准不高，防洪抗旱能力不足，部分项目因工程设施不配套、老化或损毁问题，长期带病运行。④东南区已经建成高标准农田面积约0.55亿亩。就现状问题分析，已建高标准农田建设标准不高，防御台风暴雨能力不足，部分项目因工程设施不配套、老化或损毁问题。⑤西南区已经建成高标准农田面积约 1.17 亿亩。就现状问题分析，已建高标准农田建设标准不高，部分项目因工程设施不配套、老化问题不能正常发挥作用。⑥西北区已经建成高标准农田面积约 1.02 亿亩。就现状问题分析，已建高标准农田维修保养难度较大。⑦青藏区已经建成高标准农田面积约 617 万亩。就现状问题分析，已建高标准农田维修保养十分困难，工程设施不配套、老化或损毁问题最为突出。

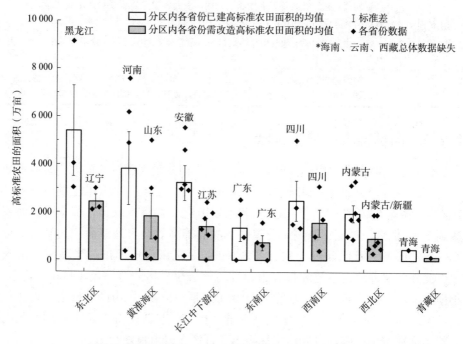

不同分区各省已建成、需改造提升高标准农田的面积均值

（3）各省份的建设现状　从省域分布看，各省份已建成的高标准农田平均面积为 2 804 万亩，13 个粮食主产省份已建成高标准农田 7.07 亿亩，占全国建成面积的 70.7%。其中，已建成高标准农田面积最大的省份为黑龙江，达到了 9 141 万亩，其次是河南（7 580 万亩）和山东（6 154 万亩）。非粮食主产省份中，新疆已建成的高标准农田面积较大（3 126 万亩），其余非粮食主产省份的已建成面积均低于平均水平。

（4）需改造提升的高标准农田现状　调查数据显示，目前需改造提升的高标准农田总面积为 4.07 亿亩，约占已建高标准农田总面积的 48%。在七个分区中，已建成高标准农田面积均值较高的三个分区依次为东北区、黄淮海区、长江中下游区。

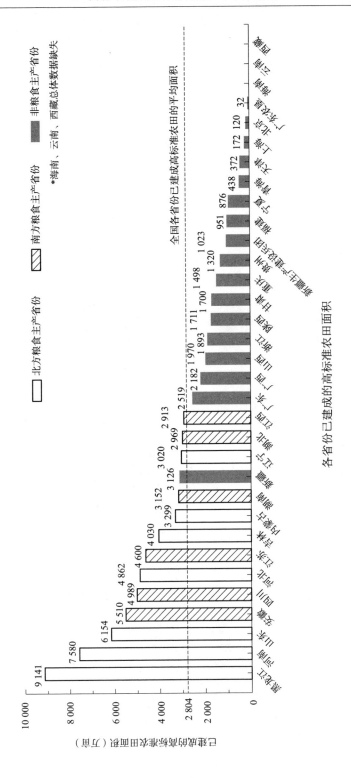

各省份已建成的高标准农田面积

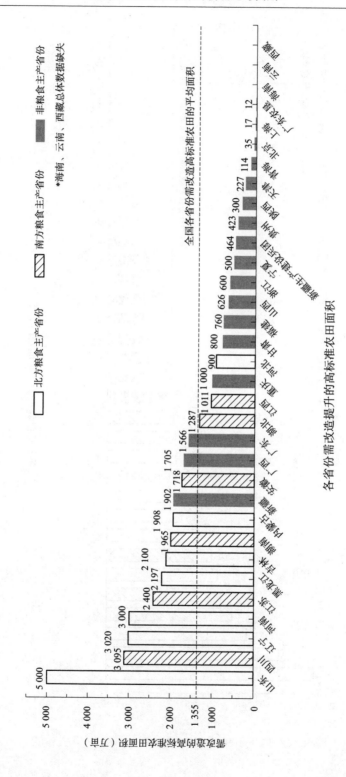

不同分区内需改造提升高标准农田面积占已建成高标准农田面积的比例

比　　例	东北区	黄淮海区	长江中下游区	东南区	西南区	西北区	青藏区
需改造提升面积占已建成面积的比例	45%	48%	43%	54%	62%	47%	26%

　　就省份而言，全国各地需改造提升的高标准农田平均面积为 1 355 万亩，山东省需改造提升的高标准农田面积最高，达到了 5 000 万亩，其次是四川、辽宁和河南，均在 3 000 万亩左右。13 个粮食主产省份中，除湖北、江西、河北需改造提升面积低于平均水平之外，其余 10 个省份均高于平均水平并位于前十。非粮食主产省份中，新疆、广西、广东需改造提升面积较高，且均高于全国平均水平。

　　（5）已建成旱地高标准农田现状　根据 2011—2021 年耕地面积结果，全国已建成高标准农田的面积约为 9 亿亩，其中包含旱地面积约 2.8 亿亩。已建成的旱地高标准农田在东北三省分布广泛且较为集中，其次是河南南部与安徽北部。此外，内蒙古东北部、山东东部、甘肃东南部、四川东部、广东西南部的旱地高标准农田分布也较为集中。其余省份的旱地高标准农田分布较为分散。从降水及积温角度分析，已建旱地高标准农田集中区域的降水和积温跨度范围较大，降水的跨度范围为 276～1 753 毫米，积温的跨度范围为 2 534～8 507 ℃。目前已建旱地高标准农田大多处于半干旱（200～400 毫米）和半湿润（400～800 毫米）地区，少数处于湿润地区（>800 毫米）。

2.3　高标准农田建设成效进展

2.3.1　第一阶段："十二五"时期"五牛下田"开展高标准农田建设

　　（1）"十二五"时期高标准农田建设主要特点　2010 年以来，国家发展改革委、财政部、国土资源部、农业部（现农业农村部）和水利部（以下简称"五部门"）认真落实国家高标准农田建设任务要求，积极组织开展建设工作。这一阶段特点可概括为"五牛下田"、分散管理，国家发展改革委会同农业部按照《全国新增 1 000 亿斤粮食生产能力规划》、财政部按照《国家农业综合开发高标准农田建设规划》、水利部按照《全国灌溉发展总体规划》、国土资源部按照《全国土地整治规划》分别组织实施高标准农田建设。五部门根据各自规划分解年度任务，省级政府将各部门建设任务进行分解落实，细化相关配套政策、完成具体建设实施[12]。该阶段是高标准农田建设的初期阶段，各部门在此阶段主要是制定完善了相关政策和标准，不断规范建设规划、实施管理、项目验收和流程管理；同时不断加大资金投入，保障建设任务的完成。以国土资源部门为例，该阶段出台了《基本农田划定技术规程》《土地整治工程施工监理规范》《土地整治工程质量检验与评定规程》《土地整治项目验收规程》，通过标准规程的制定实施解决了各种建设问题。

（2）"十二五"时期高标准农田建设完成情况　根据"十二五"时期各省份上报的全国高标准农田建设统计数据，全国共建成高标准农田 4 亿亩（0.27 亿公顷），完成了建设任务。从资金总量看，中央累计安排建设资金 2 290 亿元，为各地持续开展建设提供了稳定资金保障；从资金构成看，中央和地方各级新增建设用地土地有偿使用费投入约占全部财政资金投入的 70%；从每公顷投资看，中央投资标准逐年提高，2014 年国家发展改革委和财政部分别将田间工程、中低产田改造标准提高到 1.8 万元/公顷，较之前分别提高 2 倍和 10%[13]。

（3）"十二五"时期高标准农田建设成效　此阶段建设成效主要表现为 3 个方面：一是完成了建设任务。大部分省份均完成了"十二五"规划分解任务，其中内蒙古、吉林、黑龙江、安徽、湖北等省份建设成效明显，建成面积高于既定目标任务；从统计情况看，13 个粮食主产省份建成面积 2.8 亿亩（0.19 亿公顷），占建成总量的 72%。二是增加了耕地面积。建设新增耕地 1 615 万亩（107.67 万公顷），复垦土地 2.8 万亩（8.53 万公顷），促进了高标准农田集中连片布局。三是改善了农业生产生活条件。全国共新建改建田间道和生产路 213 万公里、新增和改善农田防涝面积 1.035 亿亩（0.069 亿公顷），农民人均年收入增加 1 300 余元[14]。通过第一阶段高标准农田建设实施，高标准农田基础设施逐步完善，特别是田间道和生产路、农田灌排设施、农田防护工程的完善为农业生产生活提供了较大便利，提高了农田基础设施的保障能力。

2.3.2　第二阶段："十三五"时期"五牛合力"开展高标准农田建设

（1）"十三五"时期（2018 年前）高标准农田建设主要特点　"十三五"时期五部门协同力度不断增强，各部门密切合作，推进了制度、标准、监管考核、上图入库等方面的协调配合，"五牛合力"建设高标准农田的局面逐步形成。首先是制度设计不断健全，联合开展建设工作成为必然要求。2016 年，中发 1 号文件提出"整合完善建设规划，统一建设标准、统一监管考核、统一上图入库"；2017 年，《关于扎实推进高标准农田建设的意见》提出统一规划、建设、监管、资金投入等要求。相关文件的出台为五部委联合开展建设工作提供了制度支撑。其次是规划布局不断融合，五部门按照规划要求，并结合各部门建设重点，联合实施高标准农田建设，特别是在县市级层面，加大了规划布局的融合和统一。再次是评价考核不断统一，2016 年，国家标准《高标准农田建设评价规范》的发布实施，以及五部门 2016 年度考核工作的正式部署开展，有效促进了五部门在高标准农田后期评价和考核方面的"联合作战"[15]。最后是上图入库不断推进，2017 年五部门下发《切实做好高标准农田建设统一上图入库工作的通知》，明确要统一标准规范、统一数据要求开展上图入库，推进了五部门高标准农田建设有据可查、全程监控、精准管理和资源共享。

（2）"十三五"时期（2018 年前）高标准农田建设完成情况　以 2016 年度五部门高标准农田建设考核数据为例，考核工作明确了考核范围、内容、步骤和工作要求，规范了各省份上报数据的统一标准；在此基础上，采取了"省级自评＋部门评价"的方式，五部门联合对各省份上报数据结合"农村土地整治监测监管系统"及各部门高标准农田建设统计结果，进行了偏差修正，确保数据真实准确。从五部委考核数据看，2016 年度共完成高标准农田建设任务 560 余万公顷，每公顷投资与"十二五"时期相比有所提高，但也有部分省份如四川、陕西、天津等资金保障压力较大，投入有所减少[16]。

（3）"十三五"时期（2018 年前）高标准农田建设成效　此阶段建设成效主要表现为 4 个方面。一是建设数量上，各省份进展较为顺利，其中黑龙江、广东、重庆等省份建成面积高于既定目标，较好地完成了年度建设任务；同时各省份结合地方实际，积极发展农业机械化、农业产业化、农业信息化、农业生态化，加快了科技化现代化农田建设工作。二是建设质量上，补充完善了田、土、水、路、林、电、技、管等方面基础设施短板，有效降低了农田生态环境污染负荷，提高了农田有机质含量和地力水平。三是建设管理上，日常监测监管机制不断健全，特别是上图入库等管理制度日益规范，夯实了国家粮食安全和农业发展基础。四是带动农村上，农民通过投工投劳、土地流转、农田入股等参与高标准农田规模化经营，拓宽了农民增收渠道；同时农业基础设施条件的改善，提升了农业生产运输条件，美化了农村景观风貌。如贵州省遵义市绥阳县某高标准农田建设项目，流转土地 3 200 亩（213.33 公顷）打造观赏性田园和花卉园，每年吸引 30 万余游客，为当地农民创收 190 万元，促进了农民收入持续增长及和谐宜居农村的建设[17]。

总体看，截至 2017 年底五部门在高标准农田建设方面发挥了重要作用，有力推动了"藏粮于地"战略实施。但由于我国耕地自然禀赋基础不好，加之农田设施建设历史欠账太多、资金投入与实际建设需求相比仍有较大差距等，已建成的高标准农田无论是数量规模还是质量等级，都不适应农业高质量发展的要求；同时由于各部门职能交叉，个别高标准农田建设在规划和组织实施等方面存在位置重叠、重复投资等问题，需要重新审视管理机制、不断改进实施方式、全力推进建设工作。

2.3.3 第三阶段："十三五"时期"一家统管"开展高标准农田建设

（1）"十三五"时期（2018年后）高标准农田建设主要特点 党的十九届三中全会后，高标准农田建设职责统一整合到农业农村部，改变了过去"五牛下田"分散管理的局面，也理顺了高标准农田建设的工作机制。该阶段高标准农田建设与过去相比有5方面特点：一是农业农村部全面指导建设工作。农业农村部全面负责制定农田建设政策、规章制度等，统筹安排建设任务、管理项目建设、开展监督评价等。二是实行集中统一管理体制。统一了规划布局、建设标准、组织实施、验收评价、上图入库等工作，促进全流程监管。三是明确了省、市、县三级具体职责。省级农业农村部门牵头制定省级规划，组织完成本省建设任务，分解年度工作方案，组织开展竣工验收和监督检查工作；市级农业农村部门负责指导本市农田建设工作，承担初步设计审批、竣工验收、监督检查等工作；县级农业农村部门负责制定规划、建立项目库，开展具体建设工作。四是简化了前期管理程序。与以往相比，简化了高标准农田建设项目前期工作程序，压减了项目建议书和可行性研究报告的编制审批环节，实行简约管理模式；同时以县为单位建立项目库，具体做法是依据县级规划将项目落实到田块，规划出一系列项目（达到项目储备深度），再由县级农业农村部门以项目库为基础，直接编制审批项目初步设计，节约了前期工作时间和经费。五是实现了部省联合的激励约束机制。2019年，农业农村部出台了高标准农田建设评价激励实施办法，安徽、广西、山东等省份也纷纷出台了省级激励实施办法。部级层面根据年度粮食安全生产责任制、高标准农田建设考核情况和当年进展情况，确定拟激励省份，每个省份给予1亿～2亿元建设资金；省级部门对本省激励机制进行细化，重点明确不得纳入激励名单的情况，自上而下健全了激励和约束机制[18]。2021年出台的《全国高标准农田建设规划（2021—2030年）》（以下简称《规划》），按照因地制宜、分类施策等原则，把全国分为东北、黄淮海、长江中下游、东南、西南、西北、青藏七大区域，每个区域再区分平原、山地丘陵、水田旱地等分类确定建设内容和建设标准，并明确了建设重点区域、限制区域（如水土流失易发区等）和禁止区域（如退耕还林区等），严禁毁林开山造田，防止破坏生态环境。

（2）"十三五"时期（2018年后）高标准农田建设完成情况 根据2018年度高标准农田建设综合评价情况通报，建设规划任务为8 000万亩（533.33万公顷）。其中，已全部分解落实到县8 000万亩（533.33万公顷），已落实到具体项目7 840万亩（522.67万公顷），开工建设（含已建成）的高标准农田面积达7 360万亩（490.67万公顷）；资金投入仍以财政资金为主，财政资金投入、社会资本投入占比分别为88%、12%，财政资金仍是高标准农田建设资金投入的主渠道。据2019年度高标准农田建设综合评价情况通报，建设规划任务为8 000万亩（533.33万公顷），建成8 150万亩（543.33万公顷），完成了高标准农田建设任务[19]。截至2022年底，全国已累计建成10亿亩高标准农田，能够稳定保障1万亿斤以上粮食产能。《规划》提出，到2030年建成12亿亩高标准农田，改造提升2.8亿亩高标准农田，以此稳定保障1.2万亿斤以上粮食产能。

（3）"十三五"时期（2018年后）高标准农田建设成效　"十三五"时期以来，坚持目标导向和问题导向，以构建务实管用的农田建设制度框架体系为切入点，促进农田建设事业持续健康发展。一是加强顶层设计。2019年国务院办公厅印发《关于切实加强高标准农田建设 提升国家粮食安全保障能力的意见》，明确了此后一个时期高标准农田建设的指导思想、目标任务和政策要求，提出了"中央统筹、省负总责、市县抓落实、群众参与"的工作机制。2021年国务院批复了新一轮高标准农田建设规划，明确了此后十年高标准农田建设的重点方向和具体目标任务；各地先后印发本地区规划，形成了中央、省、市、县四级规划体系。二是构建制度标准体系。紧扣项目管理全流程、全生命周期，农业农村部会同有关部门先后出台了农田建设项目管理、资金管理、质量管理、竣工验收、调度统计、工作纪律、评价激励等多方面制度办法，制修订了《高标准农田建设通则》《耕地质量等级》等国家标准，各地根据本地实际制定细化了相应制度标准，初步建立了耕地质量建设保护制度标准体系。三是完善法律政策体系[20]。推动出台《黑土地保护法》，加快《粮食安全保障法》《耕地保护法》立法进程，强化高标准农田建设法律保障。完善高标准农田建设年度任务落实、建设布局、资金筹措、质量监督、上图入库、建后管护等政策，指导各地有序开展高标准农田建设。四是健全管理体系。2018年机构改革后，形成了农业农村部牵头抓总、各部门分工协作的项目和资金管理新机制，构建了统一规划布局、统一建设标准、统一组织实施、统一验收考核、统一上图入库的"五统一"农田建设管理新格局。

2.4　高标准农田绩效评价政策梳理

2.4.1　农业建设项目绩效评价政策梳理

农业基础设施对农业和农村经济社会发展具有带动和支撑作用，是新农村建设和乡村振兴战略的重要内容。农田建设项目绩效评价是财政部门和农业部门单位根据设定的农业建设项目绩效目标运用科学、合理的考评方法、指标体系和考评标准，从数量、质量、时效、成本、效益等方面，综合衡量政策和项目预算资金使用效果。

2020年，财政部出台《项目支出绩效评价管理办法》。文件指出，要遵循科学公正、统筹兼顾、激励约束、公开透明的原则进行绩效评价。绩效评价按照评价主体的不同分为单位自评、部门评价和财政评价[21]。文件中虽然没有对绩效指标的设置做出具体说明，但是对指标设置权重做出了规定。在单位自评指标中，原则上权重设置为预算执行率10%，产出指标50%，效益指标30%，服务对象满意度指标10%；在财政和部门绩效评价指标中的权重在设计时应当突出结果导向，原则上产出、效益指标权重不低于60%。其中实施期间评价更注重决策、过程和产出，实施期结束后的评价更注重产出和效益。通过对不同指标的权重赋值不难看出，产出指标是绩效考评中的重中之重，并且对产出指标的衡量贯穿整个绩效考评。有了高质量产出，才能有高质量效益，支出资金的使用效率才能得到提高。一个工程的质量贯穿项目的整个生命周期，是项目能否发挥作用的关键，因此质量指标在考评体系中发挥着主要作用。

2020年，针对中央财政农业相关转移支付项目、中央预算内投资农业项目，农业农村部制定《农业农村部项目支出绩效评价实施办法》（农办计财〔2020〕12号）[22]。这是农业农村部为规范项目支出绩效评价工作，提高绩效评价工作质量和水平而制定的规范性文件。文件规定"谁支出、谁自评"。单位自评内容包括：项目总体绩效目标、各项绩效指标完成情况以及预算执行情况。对未完成绩效目标或偏离绩效目标较大的项目要分析并说明原因，研究提出改进措施。并且，认为绩效评价结果是安排预算、完善政策和改进管理的重要依据。原则上，对评价等级为优、良的，根据情况予以支持；对评价等级为中、差的，要完善政策、改进管理，根据情况核减预算或提出核减预算建议。对不进行整改或整改不到位的，根据情况相应调减预算或提出调减预算建议，整改到位后再予以安排。

2021年，为了进一步细化绩效指标体系的设置，财政部发布了《中央部门项目支出核心绩效指标和指标设置及取值指引（试行）》，对绩效评价指标的设计做出了规范。文件强调，在绩效指标设计时首先要确定项目的绩效目标，目标确定了绩效评价的整体方向，因此，各部门要根据项目立项的直接相关的依据文件，分析重点任务、需要解决主要问题相关财政支出的政策意图，研究明确项目的总体绩效目标[23]。其次要分解细化目标，明确完成的工作任务，将其分成多个子目标，并根据相关历史数据、行业标准、计划标准等，科学设定指标值。最后要加强指标之间的衔接，确保任务相互匹配、指标逻辑对应、数据相互支撑，避免指标之间出现互不关联、难以分析的情况。文件中明确将绩效指标分为四大类：成本指标、产出指标、效益指标和满意度指标。其中，产出指标包括数量指标、质量指标、时效指标。质量指标反映了预期提供的公共产品或服务达到的标准和水平，原则上工程基建类、信息化建设类等有明确质量标准的项目应设置质量指标。这为各部门的项目建设绩效指标体系设计提供了指引，尤其是对产出指标进行了更具体的说明。

2021年，为了保障农业项目建设质量，规范和加强中央预算内农业建设项目的绩效管理，提高财政资金使用效率，农业农村部出台了《农业农村部中央预算内投资补助地方农业建设项目绩效管理办法（试行）》，要求各级农业农村部门应根据农业建设项目绩效目标，结合决策、过程、产出及效益等项目实施全过程绩效管理，细化建立绩效评价指标体系，对项目绩效目标实现情况开展综合评价[24]。农业建设项目绩效评价指标体系应由决策、过程、产出、效益等方面构成。其中产出指标包括项目开工、完工、任务完成及竣工验收指标。这说明绩效考评贯穿于项目的全生命周期，推进精细化管理，在项目建设过程中体现"精、准、细、严"的管理要求，特别要对质量进行全方位的评价，避免项目的质量会影响到后续项目的效益指标评价。

2.4.2 高标准农田建设绩效评价政策梳理

2019年，国务院办公厅印发《关于切实加强高标准农田建设提升国家粮食安全保障能力的意见》，提出要按照夯实基础、确保产能，因地制宜、综合治理，依法严管、良田粮用，政府主导、多元参与的原则来切实加强高标准农田建设[25]。强调构建集中统一高效的管理新体制，健全"定期调度、分析研判、通报约谈、奖优罚劣"的任务落实机制，按照粮食安全省长责任制，农业农村部、国家发展改革委、财政部、国家粮食和储备局按职责分工负责的要求进一步完善评价制度，强化评价结果应用。文件要求，农田建设实行中央统筹、省负总责、市县抓落实、群众参与的工作机制。加大基础支撑，推进农田建设法规制度建设。严格保护利用，对建成的高标准农田，要划为永久基本农田，实行特殊保护。加强风险防控和工作指导，强化农田建设资金全过程绩效管理，确保高标准农田建设的规范性。

2019年，农业农村部为建立健全高标准农田建设管理工作评价激励机制，进一步推动高标准农田建设，制定了《高标准农田建设评价激励实施办法》，对高标准农田的评价标准做出了要求，构建了相应的指标体系[26]。高标准农田建设全面评价由自查评分、监测评价组成，评价得分＝省级自查评分×30%＋监测评价得分×70%，对得分靠前的四个省份和综合排名提升最多的省份进行激励。标准中共分为六类评价指标，包括前期工作、建设面积与质量、资金投入和支出、竣工验收和上图入库、建后管护和制度建设、日常工作调度，共计

100 分。其中建设面积与质量指标中包括建成面积贡献率、完成进度和工程质量、项目开工率、耕地质量建设 4 项,合计 30 分。竣工验收和上图入库包括项目竣工验收、上图入库、新增耕地 3 项,合计 16 分。这些质量指标分数占比接近一半,这能够保障项目在建设的各阶段中有序进行,提升高标准农田建设项目的完成质量。因此,如何合理设计质量指标,让它能够全过程、全方位地衡量工程的质量,并反映出资金使用效率将成为今后绩效考评设计的核心问题。

2022 年,为规范和加强农田建设补助资金管理,提高资金使用效益,财政部、农业农村部对《农田建设补助资金管理办法》(财农〔2019〕46 号)进行了修订,并将修订后的《农田建设补助资金管理办法》(财农〔2022〕5 号)予以公布[27]。其中,文件提出,地方可以采取以奖代补、政府和社会资本合作、贷款贴息等方式,支持和引导承包经营高标准农田的个人和农业生产经营组织筹资投劳,建设和管护高标准农田。并且,明确农田建设补助资金用于补助各省、自治区、直辖市、计划单列市、新疆生产建设兵团、中央直属垦区等(以下统称省)的高标准农田建设,具体用于支持田块整治、土壤改良、灌溉排水与节水设施、田间道路、农田防护及其生态环境保持、农田输配电、自然损毁工程修复及与农田建设相关的其他工程内容。

2023 年,为规范和加强耕地建设与利用资金管理,提高资金使用效益,推动落实党中央、国务院关于加强耕地建设与利用的决策部署,根据《中华人民共和国预算法》及其实施条例等法律法规和有关制度规定,财政部、农业农村部研究制定了《耕地建设与利用资金管理办法》(财农〔2023〕12 号)。其中,文件明确指出,高标准农田建设支出主要用于支持开展田块整治、土壤改良、灌溉排水与节水设施、田间道路、农田防护及其生态环境保持、农田输配电、自然损毁工程修复及与农田建设相关的其他工程内容。

3 高标准农田建设绩效评价理论基础

3.1 农业建设项目绩效评估研究进展

3.1.1 政府投资农业建设项目的绩效管理改革

我国政府投资农业建设项目与我国经济体制改革和投融资体制改革发展同步推进。党的十八大以来，随着项目管理体制改革逐步向纵深推进，在"全面实施预算绩效管理"的大背景下，随着财政支农项目管理方式与预算绩效管理的深刻变革，真实反映农业建设项目在推动我国现代农业发展中所取得的成效，也是财政支农资金绩效评价的根本目标之一。2017年中央一号文件提出的"推进专项转移支付预算编制环节源头整合改革"，标志中央财政支农项目"大专项＋任务清单"管理方式的变革，并在大专项资金下细分支出方向。具体支出方向会随着党中央国务院确定的年度农业农村经济重点工作进行动态调整，同时还根据绩效评价情况对政策效益不高的支出方向予以清理，以此发挥绩效评价结果的激励作用。因此，2020年农业农村部印发《中央预算内直接投资农业建设项目管理办法》和《中央预算内投资补助农业建设项目管理办法》（简称"两个办法"），作为新时期农业建设项目管理的根本遵循，对项目绩效管理工作也都提出了明确要求，如对项目执行过程进行绩效监控、督促各级农业农村部门开展绩效评价、加强绩效评价结果应用和建立激励约束机制等[28]。

3.1.2 农业建设项目绩效评价主要研究内容

（1）农业建设项目的内涵及组成 农业是我国国民经济中的基础产业，农业建设项目是推进农业发展的重要手段。农业建设项目指形成固定资产费用占总投资主要部分的农业项目，又称农业基本建设项目。《农业基本建设项目管理办法》（中华人民共和国农业部〔2004〕第39号）中提出农业基本建设项目，是指全部或部分使用农业部（现农业农村部）管理的建设投资，以扩大生产（业务）能力或新增工程效益、增强农业发展后劲和事业发展能力为主要目的而实施的新建、改扩建、续建工程项目。主要包括种植业、畜牧业、农垦、农机、乡镇企业等行业的项目，以及农业部管理的科研教育、生态环保、农村能源、社会化服务、市场、信息、质量安全等项目。农业建设项目就是国家通过价值形式对农业领域新增固定资产构建过程中的资金运用以及体现的各方面的财务关系[29]。此外，《农业建设项目验收技术标准》（GB/T 51429—2022）中明确指出"农业建设项目（Agricultural construction project）是指在农业、农村经济领域，为形成新的生产或服务能力、改善农业基础设施而建设的项目"。

农业建设项目种类繁多，涉及农业生产、农村经济、农民生活和农业生态环境等方面。按建设性质划分，可分为新建、改建、扩建、改扩建、单纯购置等项目；按行业或管理系统划分可分为种植业、畜牧业、渔业、农垦、农机、乡镇企业等项目；按生产或服务领域划分可分为农业科研教育、生态环保、农村能源、社会化服务、市场、信息、质量安全监管等项目；按投资规模划分，可分为小型项目、大中型项目等，不同行业、不同用途与功能、不同建设性质的项目投资规模变化幅度较大，投资从几十万元到几亿元都有。

各类农业建设项目从建设内容上大体可以概括为三类：①农业建筑工程。包括科研用房、实验用房、温室、网室、畜禽圈舍、库房、加工车间等房屋建筑及渔港、废弃物处理设施等。②农业田间工程。主要包括土地整治、排灌设施、机耕道路、晒场、种植圃、田间供电、围栏、防护林网、养殖池塘等。③农机具和仪器设备购置。主要包括各类农业机械、工器具、仪器设备、专用车船购置或建造等。农业建设项目一般都是由以上三类项目建设内容组成的，但随着农业多功能性和农业建设项目内涵以及外延的不断拓展，项目的建设内容也在不断扩充。

（2）农业建设重点项目的内涵　2011年发布的《国家重点建设项目管理办法》中提到，国家重点建设项目是指从下列国家大中型基本建设项目中确定的对国民经济和社会发展有重大影响的骨干项目：①基础设施、基础产业和支柱产业中的大型项目；②高科技并能带动行业技术进步的项目；③跨地区并对全国经济发展或者区域经济发展有重大影响的项目；④对社会发展有重大影响的项目；⑤其他骨干项目。国家重点建设项目的确定，根据国家产业政策、国民经济和社会发展的需要和可能，实行突出重点、量力而行、留有余地、防止资金分散、保证投资落实和资金供应的原则[30]。结合国家重点建设项目的概念，本文认为农业建设重点项目是指中央和地方根据国民经济、社会发展总体战略确定优先建设的农业基础设施、重点行业的骨干项目，直接关系到国民经济持续、稳定、高速度、高效益发展的项目。例如："十四五"规划提出的102项重大工程中明确列出的高标准农田、现代种业、农业机械化、动物防疫和农作物病虫害防治、农业面源污染治理、农产品冷链物流设施、乡村基础设施、农村人居环境整治提升、智慧农业及水利等均属于农业建设重点项目。此外，2019 年《农业农村部农业投资管理工作规程（试行）》明确规定农业投资包括农业农村部管理和参与管理的用于农业农村的中央财政转移支付项目、中央预算投资项目等。由于农业建设重点项目全部或部分使用农业农村部管理的建设投资，所以部分农业建设重点项目会以中央财政转移支付项目、中央预算投资项目等方式进行投资管理。农业农村部部门预算项目、利用外资农业投资项目根据需要进行统筹安排[31]。

农业建设重点项目汇总表

序号	项目类型	项目依据	重点内容
1	高标准农田建设项目	《全国高标准农田建设规划（2021—2030 年）》	支持建设一批高产稳产、旱涝保收的高标准农田，统筹发展高效节水灌溉
2	现代种业提升工程项目	《"十四五"现代种业提升工程建设规划》	支持种质资源保护利用、测试评价、种业创新能力提升项目和制（繁）种基地等项目建设
3	动植物保护能力提升工程项目	《全国动植物保护能力提升工程建设规划（2017—2025 年）》	支持提升陆生和水生动物疫病、农作物重大病虫情、外来入侵物种、农药安全风险等监测预警、应急防控能力
4	畜禽粪污资源化利用整县推进项目	《"十四五"全国畜禽粪肥利用种养结合建设规划》	项目实施限定在生猪存栏量 10 万头以上或猪当量 20 万头以上的符合条件的地区
5	长江经济带和黄河流域农业面源污染治理项目	《"十四五"重点流域农业面源污染综合治理建设规划》	因地制宜开展农田面源污染、畜禽养殖污染、水产养殖污染防治等基础设施建设
6	长江生物多样性保护工程项目	《长江生物多样性保护实施方案（2021—2025 年）》	重点支持建设部属大型渔政执法船、渔政执法监管信息化系统平台、水生生物资源及栖息地监测体系
7	农业科技创新能力条件建设项目	《"十四五"全国农业科技创新能力条件建设规划》	重点支持建设一批农业重大科学研究设施等
8	数字农业建设项目	《"十四五"数字农业建设规划》	重点支持建设国家农业农村大数据平台、国家数字农业创新中心及应用基地等
9	农垦公用基础设施建设项目	农垦改革	开展人居环境改善基础设施建设
10	天然橡胶生产基地建设项目	《"十四五"天然橡胶生产能力建设规划》	以固有农场胶园、特种胶园为主，实施生产基地提升、初加工和产地仓储能力建设、产业链重点支撑工程建设等
11	部门自身条件能力建设项目	"十四五"农业农村部直属单位条件能力建设规划	重点支持部直属单位加强农业科研等基础设施建设

3.1.3 发达国家农业现代化进程中农田建设的经验借鉴

中国高标准农田建设、耕地质量治理起步较晚，而国际上农业发达国家推进农业现代化较早，对照其在不同阶段的农田建设特征，有助于在推动中国高标准农田建设过程中汲取其先进经验而规避其教训。

综合分析国外相关研究不难发现，基本农田相当于国外的重要农田（Important farmland），耕地保护在国外研究中一般称之为农地保护，即对重要农田的保护。农地保护是一项世界性工作，美国、日本、英国等很多国家都已经形成了符合本国国情、较科学的农地保护体系。美国作为农业发达的国家，其对农地保护研究可追溯到 20 世纪 30 年代，美国为解决西部农地开发引起的农业生态问题，重新思考土地政策，制定了《水土保持规划法》，开始实施农地保护[32]。60 年代，美国提出了土地潜力分类系统，进一步推进了农地保护进程，开始重视农地质量问题，并制定了首个土地评价系统。70 年代，"基本农田"的概念首次被提出，随后学者们对基本农田的内涵展开了研究与探讨，科学地界定基本农田内涵。80 年代初，美国政府颁布了《农地保护政策法》，并将全国农地分为 4 大类，即基本农田、特种农田、州重要农田和地方重要农田，为农地保护提供了法律支持。美国农业部土壤保持局于 1982 年提出了"土地评价与立地分析（Land evaluation and site assessment）"的方法，应用于农地保护，着重强调了农田立地条件的重要性。90 年代以后，随着"3S"技术的发展，LESA 方法在农地保护中得到了更加充分的应用，为农地保护提供了技术支持。

（1）美国农业现代化进程：农田建设经验做法 美国是世界上农业最发达的国家之一，耕地总面约 23 亿亩，占国土面积近 18%，人均耕地 0.48 公顷。一是从农田配套的机械化与灌溉设施建设看，自 20 世纪 40 年代基本实现农业机械化以来，美国机械化水平不断提高，在农田建设管理和农业现代化发展中起到了重要作用。美国在 1933 年颁布《农业调整法》至今，围绕农田水利灌溉等基础设施建设，形成了多部完善农田基础设施的法律法规，推广播种机和中耕机，逐步开始踏入半机械化阶段[33]。二是从农田种植规模经营看，美国农田建设、经营主要以农场主为主，第一次世界大战以后，伴随农业人口流入城市，美国农场数量先增后减，农场规模持续扩大，家庭农场拥有的土地仅占农用地 4% 左右，而大型农场占农用地 75% 左右，且普遍经营规模在 600 公顷以上，在这一阶段基本实现了农业机械化，农业就业人口快速下降，在 20 世纪 50 年代基本形成了农田规模化种植经营。但与此同时，美国农业人口向城市的快速转移也给城市吸纳新增人口就业带来一定压力。三是从农田生态保护看，美国在种植品种上，大量应用先进的农业科学技术防治病虫害、改良品种；在农业支持政策方面，1950 年之后，美国开始对农业实行"绿色补贴"，并要求农场主采取农田、耕种环保行为，引导农场使用休闲方式保持水土，推行致力于生态良性循环的农业生产技术。

（2）德国农业现代化进程：农田建设经验做法　德国土壤肥沃，耕地面积占国土面积的 33% 左右，人均耕地与我国相同都在 0.14 公顷左右，但德国是欧盟成员国中最大的农产品生产国之一。一是从农田配套的机械化与灌溉设施建设看，德国在 20 世纪 70 年代以后全面实现农业机械化和高度农业科技化。二是从农田经营规模看，1945 年德国农业处于战后恢复过渡阶段，政府制定《农业法》，允许土地买卖和出租，为解决粮食问题，将主要建设重点放在粮食生产方面。在 20 世纪 50 年代中期，政府实施《土地整治法》，调整零星小块土地使之连片化，通过土地整治政策鼓励建设新的现代化农村住地和大规模农场，坚持土地集中和农田水利、道路等基础设施建设全面规划的原则，鼓励农地合并经营，扩大农场规模。三是从农田生态保护看，在 20 世纪 70 年代，德国为了解决过度使用农药和化肥造成土壤地力下降问题，促进高效的绿色农业发展，开始实施化肥、农药等低投入技术，以及降低农地污染的生态环保措施，促进土壤质量提升，从而普遍实现了农业生产机械化和绿色化。四是从农田建设资金来源看，20 世纪 90 年代后，建立完善的土地整理融资机制，资金来源由联邦政府、州政府和土地所有者共同承担；土地整理资金由农业协会、乡政府以及土地所有者共同承担；较大的土地项目建设资金则通过发行债券并对建设主体给予优惠政策完成资金融资。

（3）日本农业现代化进程：农田建设经验教训　日本耕地资源相对紧缺、丘陵地带较多，地块零星分散，耕地总面积仅有 0.6 亿亩，人均耕地仅有 0.03 公顷，与中国南方地区人地资源较为相似。一是从总体农田改造看，经过 60 多年的努力，日本农田改良绩效显著，新造农地 110 万公顷，约占耕地面积的 25%，弥补了耕地资源减少的缺口，目前日本已经跻身农业现代化高水平发展的国家。二是从农田建设配套基础设施看，日本在 1948 年颁布了《农业改良助长法案》、1951 年颁布了《农地扩大和改良十年计划》、1952 年颁布了《主要农作物种子和土壤保持法》、1961 年颁布了《农业基本法》，其核心目标是提高农业生产水平，完善农田建设设施。到 20 世纪 70 年代中期，日本逐步实施农田从以灌溉和排水为主的配套设施综合改良，到农田平整、土壤改良，再到机械化的快速推进[34]。仅用 20 多年时间，日本基本实现了农田灌溉排水设施现代化和农业生产的耕种、插秧、植保、收获等全流程机械化，尤其是日本的稻田建设及水稻育秧、插秧、收获的机械化程度居世界领先水平。三是从农田生态保护看，20世纪80年代后，日本《新农业基本法》目标由农业生产深化到生态环境融合，强调化肥、农药等低投入和有助于降低农地污染的生态环保措施，以不断提升土壤质量。四是从农田建设主体与资金来源看，日本农协发挥着关键作用。1947年，日本农协被正式确立为民间合作经济组织，作为政府和农民的中介，贯彻落实政府的政策措施，同时又秉承志愿性和公益性，为农民服务。其具有健全的组织体系，不仅能指导经营以专业户为基础的合作组织，还能在生产销售、金融等环节发挥重要作用[35]。

3.2 评估理论

3.2.1 高标准农田认知理论基础

（1）耕地资源系统与高标准农田建设 高标准农田是耕地资源中的精华。耕地资源是一个耗散结构的开放系统，是外界物质与能量不断汇入的非平衡条件下的有序系统，有一定的恢复力和抵抗力。耕地资源系统内部是要素—功能—价值关系有序运转，其与外部环境的相互联系和作用通过耕地功能来体现。耕地资源系统通过能量、物质的输入输出而产生一系列的耕地过程，其需要持续输入以得到稳定输出，这些耕地过程形成了一个有序的、稳定的结构使得耕地资源系统正常运转[36]。生产功能可以满足农作物的生长需求，是耕地资源最主要的功能，耕地资源系统的要素基本都参与其中，通过系统空间垂直结构的水、土、气、生及光合作用过程来实现，主要包括太阳辐射、人为投入品等在内的外部能量输入，以及农产品的输出过程[37]。生态功能是耕地资源系统与外部环境的调节、缓冲等作用，主要由本底要素和生态要素构成的水平结构，反映的是耕地系统空间格局。生活功能主要是以复合结构体现耕地资源系统的自然、文化、社会、经济等价值，其主要是与外部环境形成输入输出产品和服务的过程。耕地资源系统的立地、生态、生产、社会、经济要素在不同空间、时间结构下，通过物质循环、能量流动、信息传递的过程，表现出涵盖耕地资源三重功能和多元价值规律，进一步满足人类资源利用的外在需求，最终形成人地和谐的可持续利用耕地资源系统。

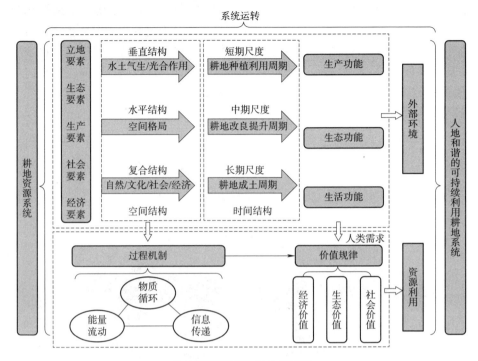

耕地资源系统认知分析框架

（2）耕地资源价值与高标准农田建设　耕地资源是人类生存发展的重要物质基础和生产资料，是国家重要的战略资源之一，在维护国家粮食安全、保护自然生态环境、统筹城乡发展等方面有着其他资源无法替代的作用[38]。我国高度重视耕地保护，实行了世界上最严格的耕地保护制度，但在部分地区以牺牲耕地为代价谋求经济发展的思维惯性仍未得到彻底扭转，直接原因是耕地利用的比较效益低下，根本原因在于耕地资源价值没有得到充分显化。现行耕地资源价值核算方法只体现狭义的经济价值，忽视其所拥有的社会保障和生态服务效益，导致耕地资源真实价值严重低估。

要素是构成耕地资源系统的存在并维持其运动的必要的最小单位，要素之间存在相互作用与联系。过程是事物或现象产生和发展的动态特征，对结构的形成起决定性作用，要素和过程互相耦合驱动着耕地资源系统的整体动态，并呈现出某种耕地资源功能特征。通过这些过程机制输送物质流、能量流以及信息流来体现耕地资源系统的内部联系，从而表现出耕地资源的不同功能。耕地资源系统功能是耕地资源提供产品与服务的能力，要素组合和结构状况决定了功能属性和功能强度，是耕地资源系统与外部环境相互联系和相互作用中表现出来的性质、能力和功效。耕地资源系统功能将耕地资源生产与利用相关活动联系起来，分为"生产、生态、生活"三大类功能。价值是衡量耕地资源生产、生活和生态功能的重要标准和依据，耕地资源价值的构成主要包括经济价值、社会价值和生态价值。耕地资源价值演变规律受耕地资源系统内部构成要素及其耦合关系、结构特征与功能转换等多种因素共同影响，同时表现出时间上周期性扰动和空间分布不均衡等特点。本文构建了耕地资源"二维要素—三重功能—多元价值"认知系统。

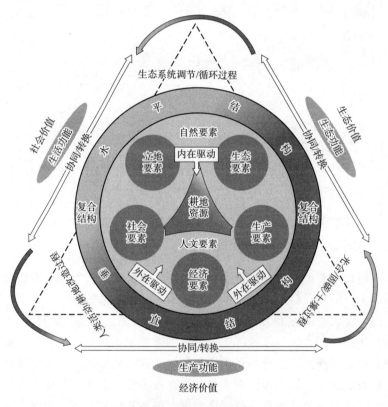

耕地资源功能作用机制

（3）耕地多功能与高标准农田建设 "多功能性"（Multifunctionality）可看作某件事物展示出的"多种功能"。地理学研究中，多功能性的概念首先应用于林业、农业和景观等领域。其中，农业多功能性与乡村发展及乡村土地利用直接相关。"农业多功能性"概念最初于 20 世纪 80 年代后期出现在西方发达国家的文献和政策中[39]。到 20 世纪 90 年代，"多功能性"概念作为一种促进可持续发展的方法和为农业发展提供新见解的途径而变得越发重要。在国际层面，多功能农业概念最早于 1992 年里约热内卢地球高峰会（Rio earth summit）被提出，随后引起了欧盟、联合国粮食及农业组织、经济合作与发展组织和世界贸易组织（简称世贸组织，WTO）等国际组织的广泛关注，并自 20 世纪 90 年代末以来受到许多国家的重视。

耕地多功能（Cropland multifunctionality）概念发轫于农业多功能和景观多功能，耕地多功能性是耕地的固有属性，强调为满足人类生存和发展提供多种产品和服务。其中，食物供给是最基础的商品性生产功能，生态保育、社会保障、景观美学和文化传承等属于非商品性功能。这表明耕地利用过程中除了食物供给创造的经济价值，还有难以用货币直接衡量的社会、生态价值。一般而言，随着地区社会经济发展，人们对耕地功能需求由单一化向多样化转变。因此，耕地管控过于强调静态的单一功能管理（如粮食生产），制定超前或滞后现实需求的耕地保护目标会割裂耕地功能间的动态联合关系，不仅无法满足现阶段城乡居民生活需求，还会造成社会福祉损失。耕地多功能理论强调重视耕地系统的正外部性效益和不同地区居民对耕地功能的差异化需求。

3.2.2　农田建设项目绩效评价理论基础

（1）经济学理论基础

①投入产出理论。投入产出理论于 20 世纪 30 年代由美国经济学家瓦里西·列昂惕夫（Wassily W. Leontief）首先提出。其投入产出思想起源于重农学派魁奈（Francois Quesnay）的《经济表》，发展于瓦尔拉斯（Walras）和帕累托（Vilfredo Pareto）的一般均衡理论及经济学中数学方法的运用[40]。投入产出分析是反映经济系统各部分（如各部门、行业、产品）之间的投入与产出的数量依存关系，是经济学与数学相结合的产物。其中，投入是指经济活动过程中的各种消耗（包括中间投入和最初投入）及其来源；而产出是指经济活动的成果及其使用去向（包括中间使用和最终使用）。

传统评估的基本原理都是以产出结果作为评估的依据，从产出角度出发设定指标及权重，在此基础上进行评价，是结果导向型绩效评价。随着对绩效评价认识的加深，绩效评价成了个人、组织和政府等通过努力和投入所形成的产出、结果和影响，还包括其产出和结果的合理性和有效性等，即包括效益、效率和效果的情况。现在普遍认可的是使用"4E"描述"绩效"，即经济性、效率性、效益性、公平性。在农业建设领域，高标准农田建设绩效评价是基于农业各相关部门源头的投入（经济性），过程的管理、生产（效率性），直至产出的效果（效益性、公平性）这三个环节全过程管理的绩效情况。因此，高标准农田建设绩效评价衡量的是高标准农田建设项目从源头到过程，直至最终产出的全过程运行或表现情况。传统的绩效评价在结果评价方面会较为翔实，但很难从结果角度去发现项目或工作在管理、实施方面存在的不足。如果运用结果导向型方法对高标准农田建设进行绩效评价，评估方法可能会将重点聚焦到最终的产出阶段，而忽略了源头和过程阶段。从评估结果难以判断有效性和合理性，更难以发挥绩效评价结果对项目管理的改进和优化作用。

投入产出理论贯穿绩效评价的源头、过程、结果整个流程，在绩效评价领域应用广泛。该理论蕴含了经济学中生产力的观点，将部门的投入与产出进行紧密联系，恰好弥补了绩效评价传统方法的不足，在较好地贯穿绩效评价全过程的同时，也体现出公共或非营利部门绩效评价的本意，促进部门现代化管理。高标准农田建设具有建设周期长及公益性的特点，其绩效评价需要以投入产出理论为基础，运用一定的绩效评价方法，通过了解高标准农田的基本情况，从投入出发，研究整个体系的运作过程，进行立项决策、项目管理及其项目绩效等各阶段、全方位的综合性考核与评价。

②公共经济理论。西方的财政研究理论认为，财政预算的实质是公共经济，公共经济和私人经济共同构成现代市场经济。人们研究如何利用稀少紧缺的资源来满足人们日益增长的各类需要，想要通过消耗最小的资源获取更多更大的效用。将其推广运用到政府的财政支出领域，就是要在保证质量的前提下，花更少的钱，办更多的事[41]。公共经济承担着调节和管控的职能，它建立起资源优化配置、经济发展程度等宏观事项同财政的收支计划之间的紧密联系，这要求政府有较强的效率和效益观念，尤其在安排财政收入资金和分配财政支出资金时更要追求"绩"和"效"。

公共经济理论将财政收支计划作为财政活动起点，把提供公共产品和服务作为财政活动终点，这让财政的研究对象不再单纯是资金支出，而是也能够关注产出。在提供公共产品和服务时，公共部门需要回答和解决如生产规模、数量质量、如何择优等问题，要想解决这些，就要建立一个包含投入、产出、结果在内的评价流程，并评价公共支出在其中的效益状况。对比人们的需求和满足程度，社会资源总是稀缺，财政资源作为社会资源的一种也具有稀缺性，通过理论理解，能够看到财政支出实际上是对资源的消耗。那么就期望能够通过小支出得到大效益，利用有限的财政预算资金，提供更多更好的公共产品和服务，获得更大的政治、经济、社会和生态效益。如何利用有限的资源实现最大的效益是经济学的研究内容，在财政支出中，该观点的意义是在政府投入的财政支出有限的情况下，如何最大化利用使其产生最高的效益。因此，在高标准农田建设项目方面，需要有一套完整的体系来对预算绩效进行监督考核，明确在财政支出环节的合理配置，避免资源浪费，从而实现效果最大化。

(2) 管理学理论基础

①新公共管理理论。新公共管理理论源于 20 世纪 80 年代的欧美国家，并在随后发展过程中指导政府工作和相关制度变迁。在该理论出现之前，相关部门将大部分的注意力集中在各项资金投入过程的驱动性上，而往往忽略了效果

的好坏，且没有一个通用的标准对各关联方的工作进行评价界定[42]。新公共管理理论的出现对这种情况进行了改善，将"政策""预算"与"业绩"适当、完整、有机地结合到一起，核心思想是以绩效、成果为中心进行公共管理，以追求成绩、效率、效能、效益为目标，由重视管理规则和过程转变到重视结果和产出，实施产出控制，强调事实依据和绩效考评。该理论强调有效管理的重要性。

随着新公共管理理论的发展，政府服务质量和政府行为的公平被提到了更为突出的位置，更加重视政府财政活动的效率、效益会如何表现，以及增强成本控制意识；强调"顾客导向"理念，财政资金的使用必须考虑社会效益，真正考虑社会公众的需要，特别是民主参与，提高社会公众的满意度。

新公共管理理论具体通过两方面来对高标准农田建设项目进行绩效评价：一方面，通过考核高标准农田建设项目的投入是否合理，评价体系是否建立，是否遵循一定的绩效目标来进行绩效评价工作；另一方面，政府及其职能部门通过分析高标准农田建设项目绩效评价结果，了解水平低下的原因，从而有针对性地改善农业财政支出的效率。此理论可为改进高标准农田建设项目绩效评价中财政支出效率、提高评价体系的科学性提供支撑作用。

②项目全生命周期管理理论。项目全生命周期是指从项目设计到完成、使用、管理的所有阶段。项目的独特性导致不同项目的生命周期不完全相同，但其生命周期阶段大体相同。一般来说，根据时间维度，可以将项目划分为概念阶段、开发或定义阶段、执行（实施或开发）阶段和结束（试运行或结束）阶段，或者简单划分为决策阶段、实施阶段、运营阶段。项目全生命周期管理是指从项目准备阶段直至建设结束、运营管理阶段的全过程中，运用系统的手段和方法实现管理的有效和高效[43]。项目全生命周期管理理论的核心在于关注事物发展的全过程视角，作为有效的管理理论，被用于社会学、环境学科、经济学和管理学等各类项目管理和研究中。高标准农田建设作为一项国家工程项目，其监管行为应该遵循全生命周期管理的基本理论，即从高标准农田建设的立项规划、建设使用到运营管护的全过程阶段进行监督和管理。根据项目全生命周期的概念，将高标准农田建设项目的全生命周期划分为建前—建中—建后3个阶段，囊括了高标准农田项目规划、立项、设计、施工建设、竣工验收、运营使用、后期管护的全过程。高标准农田项目生命周期较长，涉及各级政府及农业、财政、发改等多部门及施工单位、监理机构、农民、村集体等多个利益相关主体，各阶段的多要素均影响着高标准农田项目的最终使用绩效。因而需注重高标准农田项目的整体性监管，以项目全生命周期管理理论为基础，构建全过程监管机制，保障高标准农田项目功效的发挥。

③系统管理理论。系统管理理论是研究系统的模式、结构和规律的学科，主要利用系统理论来定量地描述系统的功能，从而建立普适的模型和原则。贝

塔郎菲强调，系统是有机的整体，并非各要素简单相加，而是各要素之间相互关联、相互作用的整体。系统的特点包含整体性、层级性、开放性、稳定性、目的性和相关性。整体性特别强调系统内部的有机联系和辩证统一；系统层次性指的是子系统各个方面在地位和结构上具有差异性，这种差异形成了层次性，层次较高部分的结构和组织就更复杂；系统的开放性决定了系统需要依存于外界环境，与外部环境互动；系统的稳定性可以使得系统处于一个相对稳定的位置；系统的目的性决定了系统的发展变化；系统的相关性使得各要素和结构彼此互动，共同决定系统的功能[44]。系统管理理论的思想是将研究对象看作一个系统，分析这个系统的结构与功能及各要素之间的关系。

系统管理理论在高标准农田建设绩效评价中的应用主要体现两方面：一是在建设绩效评价体系构建中体现出层次性和相关性。不能单独评价某一方面的评估水平，而应采用分层评价的思路多维度分析系统绩效，在评价过程中要重视绩效评价和被评估者之间的信息沟通。二是在建设绩效评价体系构建中体现出动态性。高标准农田建设绩效评价体系也应兼容必要的动态调整，对建设绩效目标与优先顺序进行调整，使项目绩效评价处于动态平衡状态。

④目标管理理论。目标管理理论（Management by objectives，MBO）是管理学领域的一个重要理论，也被称为绩效目标管理理论，这一术语最早由彼得·德鲁克提出。他指出"企业需要的是一种能充分发挥个人力量和责任的管理原则，同时给予共同的愿景和努力方向，建立团队合作，使个人的目标与共同的福利相协调。唯一能做到这一点的原则就是目标管理和自我控制"[45]。彼得·德鲁克的目标管理理论将组织统一的目标分解到各个管理者，使各层级的管理者为了共同福祉而努力，这种内部控制方法将组织内不同主体的努力及目标变得一致且相容，有利于提高组织绩效。彼得·德鲁克的目标管理理论具有重要意义，其将传统强调过程管理转移到关注结果的管理。乔治·奥迪奥恩将目标管理理论定义为"在目标管理过程中上下级间协商设定目标，上级表达期望的结果并明确每个下级主体的责任和措施，上级以确定的目标和自身期望为指导对各个下级在目标实现过程中的贡献评价"。斯蒂芬·沃林指出，目标管理理论由四个互补的部分组成：组织目标的集中确定，组织任务的分解和操作目标，绩效与目标完成的衡量，基于结果的奖惩制度。目标管理理论的创新性在于将参与式管理和自我控制组合。首先，将目标（结果）作为管理系统的核心，以激励代替强制，通过协商设定的目标作为激励（或压力）来激发个体的努力、潜力及能力，进而确保在目标实现过程中充分发挥个体的自我控制能力。其次，目标管理理论重视对人的管理：向员工灌输一种重要的承诺感并使其形成为组织目标作出贡献的愿望；控制和协调员工的努力，包括帮助员工获得成长使贡献可持续，使员工获得幸福和舒适进而愿意继续贡献。目标管理理

论也被称为绩效目标管理理论，其在高标准农田建设项目绩效评价中的应用主要体现在"系统管理"的上层分支下，"有规划而不分离"推动目标实现。

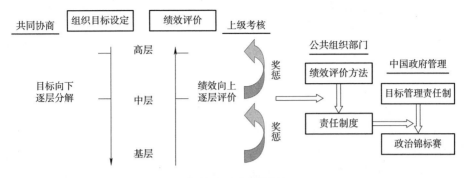

目标管理理论逻辑框架

（3）农田生态经济系统理论　土地，作为自然经济综合体，是人地系统的重要组成部分，而农田则是土地价值的主要代表，科学揭示同时作为生产资料和自然综合体的农田要素在特定时空范围内的生态经济系统特征，不仅有利于科学认知高标准农田建设的意义，而且更是保障粮食安全的客观需要。

农田本身就是自然、社会、经济、技术等要素组成的一个多重结构的生态经济系统。农田利用不仅是自然技术问题和社会经济问题，而且也是一个资源合理利用和环境保护的生态经济问题，同时承受着客观上存在的自然、经济和生态规律制约的一个相对稳定的土地生态经济系统，在一定范围内，对于外界的干扰、破坏有一定的自我调节能力，因而在一般情况下能够保持着相对的平衡。

农田生态经济系统及其组分以及与周围生态环境共同组成一个有机整体，其中任何一种因素的变化都会引起其他因素的相应变化，影响系统的整体功能。其要求树立一个整体观念、全局观念和系统观念，考虑到农田生态经济系统的内部和外部的各种相互关系，不能只考虑对农田的利用，而忽视土地开发、整治和利用对系统内其他要素和周围生态环境的不利影响[46]。系统的运行有一个内在的动力机制，它是由三元机制融合而成的。农田生态经济系统运行的三元机制是指农田自我反馈机制、农田市场机制与农田政府调控机制始终并存，密切配合。在三元机制中，农田自我反馈机制是对土地生态经济系统运行的第一层次调节、基础调节、低层次调节；农田市场机制是第二层次调节、中心调节；农田政府调控机制是第三层次调节、关键调节、高层次调节。

3.3　绩效评价的主要方式

在现有研究中，高标准农田建设绩效评价尚未形成公认的评估体系和评估方法。特别是在地区差异较大的情况下，不同评估模式的效果也不同，且不同环境下评估的导向不同，很难形成统一的理论模式。

3.3.1　目标分解方式

目标分解方式是指对复杂问题进行逐级分解目标、围绕各级目标制订具体指标的一种高标准农田建设绩效评价方式。该方式以项目任务和公众目标为导向，体现了高标准农田建设的职能性和社会性。

运用目标分解方式构建绩效模型，首先要明确高标准农田建设绩效评价的总体目标，即完善农田基础设施，提高粮食产量。根据目标将高标准农田建设体系分解为目标体系、组织体系、制度体系和指标体系四个部分，再根据内容关联构建内容分解三层模型，自上而下依次为目标层、对象层和指标层，同一层的许多因素在内容或逻辑上都从属于上层因素，同时又支配着下层因素。在制定好详细的评估指标后，再根据不同指标的重要程度进行排序并赋予不同权值，这样就可以反映不同的评估侧重点，并形成权值分配动态调整机制，实时对环境变化作出应变[47]。此后，根据评估结果提出相应对策，建立长效发展机制。通过采用目标分解模式，可以有效达成复杂问题简单化的目标，各类因素被包含在相互关联的有序层次结构中，达成较为良好的条理化效果。

在该方式下，基于对待决策问题本质、影响因素及其内在关联的深度剖析，使用少量的定量信息量化，可以克服其他实践模式中对高度抽象、社会性强的内容评估时选择对象模糊的问题。同时，如果选择的要素不合理或要素之间的关系不正确，会降低评估结果的质量，影响最终决策。

3.3.2　价值分析方式

价值分析方式是指以公众感知价值为导向的高标准农田建设绩效评价方法。具体而言，高标准农田建设价值是政府通过具体项目工程向公众提供服务与产品，公众对此的感知程度是对高标准农田建设绩效的全面考察。参照目前国际上对服务质量的衡量表，主要从有形性、可靠性、响应性、保证性和移情性五类指标来评价。

公众感知价值包含三个维度：农田价值维度、建设成本维度以及实际需求维度。其中，高标准农田建设成本是指公众为使用农田基础设施而必须付出的代价，通常可以分为货币成本和服务成本[48]。高标准农田建设实际需求是指随着社会的发展，传统农田建设无法满足公众需求或满足公众需求的成本过高，公众需要政府提供高标准化建设来满足其要求。价值分析方式通过有机结合三个部分，并运用多学科交叉的方法进行综合研究，确定评估模式的核心取向，即以公众为中心。

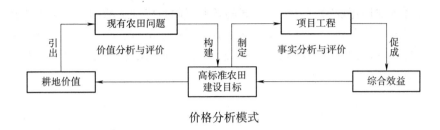

价格分析模式

3.3.3　第三方评估方式

　　基于第三方的高标准农田建设绩效评价方式，是在政府主导下，以定量评估为主构建评估指标体系，由第三方机构承担评估工作的评价方式。在高标准农田建设绩效评价过程中，最重要并且最先完成的就是评估主体的选择，原因在于目前高标准农田建设在我国国情下是较为敏感的工作，绩效评价主体必须具备相应的权威性且能够影响被评估者行为向评估主体期望的方向调整，这对评估工作顺利开展、评估结果应用及跟踪改进至关重要。

　　高标准农田建设绩效评价还需要建立一套定量的指标体系。首先，需要在政府主导下由第三方评估机构完成指标体系的设计；其次，评估方通过观察法、调查问卷法、访问法等多种方式获得一手或二手内部数据，并搜集调查获取公众满意度、影响系数等外部数据；最后，将整合处理后的数据，按照评估机构设计的指标体系进行测算评估，从而形成客观、公正、科学的评价结果。采取第三方评价方式，能够使评估体系的操作性更强、更客观、更实用，从而更准确地评价高标准农田建设绩效，较好地推进高标准农田建设[49]。就高标准农田建设第三方评价的主体而言，主要包含评估方、建设高标准农田项目的地方政府、高标准农田建设项目本身以及使用项目的农民及村集体。

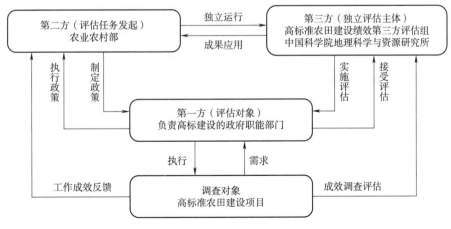

第三方评估方式任务与责任逻辑

高标准农田建设第三方评估方式的各要素间是内在关联的，对地方高标准农田建设的价值取向、评估过程、评估方法等产生深刻影响。第三方评估方式需要放置在具体的组织环境和本土实践中加以考量，其模式演变通常与耕地保护理念息息相关。在主体作用下，构建第三方评估方式的框架：

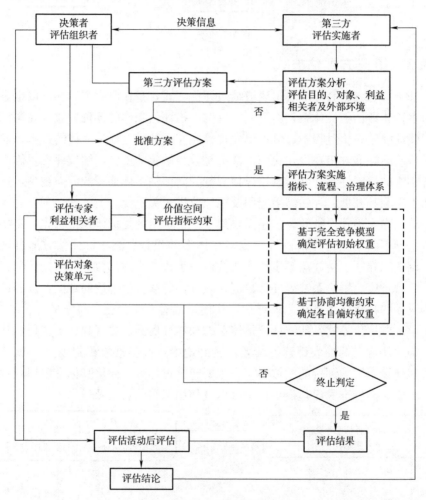

第三方评估方式的整体框架图

4 高标准农田绩效评价主体内容

4.1 绩效评价依据和关键点

高标准农田建设项目绩效评价依据包括国家相关法律、法规和规章制度；党中央、国务院重大决策部署，经济社会发展目标，地方各级党委和政府重点任务要求；农业建设相关政策法规、行业部门相关规定；相关专业技术规范；各级预算管理制度及办法，如项目及资金管理办法、财务和会计资料；项目设立的政策依据和目标，预算执行情况，年度决算报告、项目决算或验收报告等相关材料；其他相关资料。

基于绩效评价的工作性质和高标准农田建设项目的特点，在对高标准农田建设项目进行绩效评价时，首先要对绩效评价工作有明确的定位，并要把握好评价的关键和要点，既要避免蜻蜓点水、盲人摸象、以偏概全，也要避免面面俱到、事无巨细、不得要领。

（1）树立结果导向的高标准农田建设项目绩效评价观念　绩效评价是一种事后评价，不同于事前的评审和事中的检查、监督或竣工验收，要评价高标准农田建设项目的过程和结果，但重点在最终的结果和效果。要观察和评价高标准农田建设项目目标的最终实现程度，据此评价项目对实现预期目标的有效性。主要围绕目标的最终实现程度评价项目的绩效，总结经验和教训，为政府等投资者新上项目的决策、规划、设计、实施和管理提供依据，为评价项目的必要性等提供参考。

（2）绩效评价的对象是一个具体的高标准农田建设项目　项目绩效评价是从单个项目的角度，对其绩效进行评价，不是对某机构负责管理的或某区域内实施的全部高标准农田建设项目进行整体评价。两者存在差异，前者关注项目本身的绩效，评价一个具体的高标准农田建设项目是否能达到项目预期的效率、效益和效果；而后者是对一个机构负责管理的或一定行政区域内所有项目所进行的整体评价，可从整体上了解本地区项目管理水平和绩效。

（3）绩效评价指标要反映高标准农田建设项目综合性强的特点 高标准农田建设项目的目标具有多重性，不同类型的高标准农田建设项目的目标不同，同一类项目也有多重目标。因此在评价指标体系的设计上要反映这种差别，分类设计。指标体系既要系统全面，又要有层次感，分清主要目标和从属目标，指标的分值要有梯度。

（4）要合理确定高标准农田建设项目绩效评价的时间和时机 由于高标准农田建设项目的效益和作用并不能在项目完工后立即完全充分发挥出来，一些问题也不是项目完工后马上就可以暴露出来的，因此绩效评价要选择适当的评价时间，一般要在项目完成后 2～3 年内进行。又由于农业生产的季节性，绩效评价还要选择合适的时机，既要考虑避开农忙季节，又要在农作物收获或牲畜出栏以后，以方便获得数据和资料，同时还要考虑有些类型的项目需检查生态环境等方面的指标，宜选择在植物生长旺盛的季节进行现场核查。

（5）把握高标准农田建设项目的关键环节 由于高标准农田建设项目周期长，绩效评价要抓住主要环节，包括项目前期规划可研设计环节、项目建设环节、资金使用环节、项目效益评价环节、公众满意度评价环节、项目可持续性和影响评价环节。

4.2 绩效评价主要目标

为科学规范高标准农田项目绩效评价，建立起一套针对性强的项目绩效目标设定规则与评估技术方法，需从绩效评价的工作流程、主要内容、评估方法及原则等方面，规范目标行为，明确设定标准和要求。

高标准农田建设绩效评价的总体目标在于两个层面。宏观层面上，推动客观评价农田建设在保护耕地、保障国民发展、保障国家粮食安全、改善提升农业生产条件等方面发挥的作用；微观层面上，推进客观评价农田建设对广大农民增加收入、节约生产成本、改善生产生活条件、优化环境等方面作出的贡献。具体包含以下 4 点：

（1）以资金投入是否精准为标准，重点评价项目立项和资金落实情况 就立项而言：一是评价项目立项是否合规，项目既要在当地农业综合开发高标准农田建设规划区域内，同时也要按照规划的内容建设。二是评价项目设计是否合理，项目区内各类单项工程既要满足农业综合开发政策规定，同时也要满足实际需要。三是评价项目是否有明确的绩效目标。就资金而言，主要评价各级财政资金是否按照项目计划批复文件要求，精准到位、精准支出。

（2）以过程管理是否规范为标准，重点评价项目管理制度落实情况 一是评价项目管理资料是否按照档案管理相关要求规范管理，并仔细查阅招投标文件、工程监理、验收等资料，判断项目招投标、监理、公示等工作是否按照相关制度，规范实施。二是评价财务核算资料是否按照档案管理相关要求规范管理，并仔细审查会计凭证、账簿等资料，判断项目会计核算是否符合农业综合开发资金会计制度要求和基本的会计核算制度要求。

（3）以项目产出是否达标为标准，重点评价项目建设内容完成情况　一是掌握项目建设内容，同时了解各类工程建设标准。二是按照绩效评价表的要求，并结合当地项目建设实际情况，选取现场查看样本。三是到现场查看，对样本进行量测和检验，并将相关数据记录好。四是做好比对分析，将抽样调查掌握到的样本情况，与初步设计文件产出目标对比，从而分析项目产出是否达标。

（4）以基层群众是否满意为标准，重点评价群众对项目的真实态度　掌握受益主体对项目效果满意的真实情况，关键在于确保问卷调查的真实性。一是随机选取调查对象。二是给调查对象创造宽松的环境。三是态度和善，讲清调查工作的要求、目的，争取调查对象的认同感，从而掌握乡村干部、农户对农作物增产、农田节水、节省工时量等项目效果的真实满意情况。

4.3　绩效评价的原则

高标准农田建设项目绩效评价的原则是方法体系构建的指导准则。一般遵循以下几个原则：

（1）目标导向性原则　高标准农田建设项目实施是为了实现一定的目的，在绩效评价时，一定围绕项目目标构建指标体系。即通过深入分析项目设立的报告书，尽量把目标从多角度进行量化，变成可衡量、可计算、可搜集的指标。高标准农田建设项目的目标一般包括实物类目标和效益类目标。实物类目标包括建设项目本身的质量、规模、安全性等。效益类目标一般包括经济目标、社会目标和生态目标，高标准农田建设项目的重点更多是改善农业的生产环境，完善农业生产和生活基础设施，很多时候是社会目标、生态目标的权重相对高于经济目标，其长期效益可能要远远大于短期效益，因此在指标体系的构建过程中在目标导向的原则下，努力实现经济目标、社会目标和生态目标相融合，长远发展目标和近期目标相协调。

（2）过程评价与结果评价相结合的原则　高标准农田建设项目周期往往比较长，短时间内效益往往很难完全释放，因此在绩效评价过程中，不仅要注重结果评价如建设项目的质量和效益，也要注重建设过程的评价，包括决策过程、实施过程、运营和实施过程的评价。重点包括决策过程规范、项目支出符合相关的要求、相关的要件齐全等。过程评价更多属于否决类评价，通过评价保证项目建设过程合规、合理和合乎质量要求。

（3）普遍性和特殊性相结合的原则　高标准农田建设项目绩效评价方法的选取，既要考虑项目考核评估普遍性的要求，实现不同项目之间的可比性，同时也要考虑每个建设项目的特殊要求，从而更能体现不同建设项目的特色，避免一刀切，使建设项目绩效评价更加科学合理。在投入和产出指标的选择上，既要考虑普遍的资金和人员的投入水平，也要考虑设备和相应组织机构的投入。在产出指标的选择上既要考虑一般的经济增长、农民增收、增加就业等指标，也要考虑特殊项目对农业技术普及与传播，对精准扶贫等方面所做的贡献。要根据项目的目标对不同项目指标的权重做出动态调整，以保持评价方法的适应性。

（4）相关利益主体参与的原则　相关利益主体是指那些参与项目或者是其利益会受到项目成败影响的个人或者组织。利益相关者的积极参与可以使项目的实施能充分征求各方面的意见，保证了项目实施能充分考虑各方面的利益，提高了项目的可行性。同时利益相关者的积极参与，能使项目的运行获得更多的支持，提高项目运行的效率和成功率。高标准农田建设项目绩效评价过程中，相关利益主体参与的原则一方面指在方法的选取中要充分考虑相关利益主体的成本、收益等相关利益问题，从而选择相对科学合理的方法进行评价；另一方面指方法的选择要充分征求和考虑相关利益主体的意见，从而使方法的选择更加全面科学。

（5）定量指标和定性指标相结合的原则　定量分析和定性分析是统一的、相互补充的，定性分析是定量分析的基础，定量分析是定性分析的深入。定性分析应用于绩效评价中不能确定或者不容易取数的，但是又不可或缺的部分指标的判断。定性分析依靠评价主体的直觉、经验、职业技能等对分析对象的历史数据进行判断，从而得出分析对象的特征、现状和未来发展趋势等。而定量分析则是对绩效评价中利用数学统计的方法，建立数学模型，并对分析对象的各项指标进行分析的方法。这种方法需要有丰富的数学知识，但是相对于定性分析方法更加准确、科学合理，客观性强。在对高标准农田建设项目绩效评价的过程中，由于项目的特殊性，如果仅仅考虑定性或定量指标，势必会导致评价结果的不完全性和片面性。因此，必须将两种方法结合起来，有利于提高绩效评价方法的实用性和可操作性。

（6）科学性与可操作性相结合原则　高标准农田建设项目绩效评价方法的选取应该遵循科学性的原则。只有遵循了科学性，绩效评价工作的开展才有意义。评价体系的设计应该在科学化和现代化的基础上进行，这样才能尽可能避免主观论断的出现，防止指标选取不合理。高标准农田建设项目绩效评价应当是一项科学的活动，这样能有效降低失误率，保证所有的步骤都有章可循，提高评价结果的合理性。可操作性是实际工作中很重要的原则之一，高标准农田建设项目绩效评价工作本身就非常具有实践意义，但是如果缺乏可操作性将会寸步难行。这里的可操作性是指评价指标的选取合情合理，与该指标相关的信息易于获取，具有深入研究的价值。如果设定的评价体系和选取的评价指标不具备可操作性，那么将不具备积极的意义，也会阻碍绩效评价工作的展开，最终无法得到评价结果。因此，在设计评价体系的过程中，应当严格遵循科学性和可操作性原则，把控每一个指标的选取。

4.4　绩效评价的重点步骤

高标准农田建设项目绩效评价要完成以下内容：①对项目目标和建设内容进行评价，即对项目目标的实现程度及其适应性、建设内容完成情况及项目的成功度进行分析评价，得出项目绩效评价结论；②对项目全过程的回顾和总结，即从项目的前期工作、组织实施、验收总结及运营阶段，全面系统地总结各个阶段的实施过程、存在问题及原因；③对项目的效果和效益进行分析评价，即对项目工程技术效果、财务经济效益、社会效益、环境效益和管理效果等进行分析评价，对照批复的项目可研、初设以及评估的结论和主要指标，找出变化和差别；④总结经验教训，提出政策建议。

按照评价阶段可将高标准农田建设项目绩效评价的内容划分为五个部分。

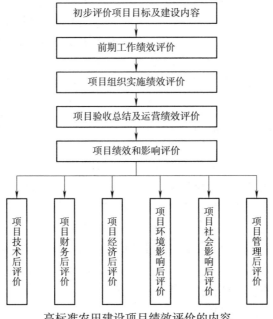

高标准农田建设项目绩效评价的内容

4.4.1 前期工作绩效评价

对高标准农田建设项目前期工作的绩效评价重点是对项目可行性研究报告、项目评估报告和项目批准文件的评价，即根据项目实际的产出、效果、影响，分析评价项目的决策内容，检查项目的决策程序，分析决策成败的原因，探讨决策的方法和模式，总结经验教训。

对高标准农田建设项目可行性研究工作绩效评价的重点是项目的目的和目标是否明确、合理；项目是否进行了多方案比较；是否选择了正确的方案；项目的效果和效益是否可能实现；项目是否可能产生预期的作用和影响。在发现问题的基础上，分析原因，得出评价结论。

高标准农田建设项目评估工作的绩效评价应根据实际项目产生的结果和效益，对照项目评估的主要内容进行分析评价，重点对项目评估的目标、效益、风险和结论，以及对项目可行性研究中不完善或需要改进的地方的评估建议意见进行评价。因评估报告未提出完善或需要改进的意见，而项目在实施过程中在这方面又出现了问题，则应认真加以总结，提出相应改进或弥补措施及建议。

对高标准农田建设项目决策的绩效评价包括项目决策程序、决策内容和决策方法分析三部分内容：

（1）决策程序分析　分析项目立项决策的依据、基本建设程序和过程，是否存在违背项目建设客观规律等情况。

（2）决策内容分析　应对照项目批复的意见和要求，根据项目项目实际完成或进展情况，分析投入产出关系，评价决策的内容能否实现、主要差别及原因。

（3）决策方法分析　分析决策方法是否科学、客观、公正，是否实事求是等。

4.4.2 项目组织实施绩效评价

组织实施阶段的绩效评价主要包括对实施准备的评价和组织实施的评价。

高标准农田建设项目实施准备评价，包括项目勘察设计、招投标、落实资金、开工准备等方面的评价。对项目勘察设计的评价要对勘察设计的质量和服务进行分析评价。主要进行两个对比，设计阶段项目内容与前期立项所发生的变更以及项目实际完成结果与勘察设计时的变更。重点分析项目建设内容与实际投资与设计结果不一致的原因。对项目投资结构方案的评价，主要是对高标准农田建设项目的投资结构进行评价，包括中央、地方投资及自筹资金等投资来源组成的评价。对项目招投标工作的评价，主要包括招投标公开性、公平性和公正性的评价，应对招标范围、招标组织形式、招标方式以及招标操作全过程进行评价。在评价开工准备情况时，应关注项目建设地点、建设内容、基础条件等可能在项目开工准备阶段发生重大变化，以及这些变化及其对项目目标、效益、风险的影响。

项目组织实施阶段的评价主要包括以下三方面内容：

（1）合同执行的分析评价　这些合同包括勘察设计、设备物资采购、工程施工、工程监理、咨询服务等。主要注意合同各方履行合同规定的权利和义务，重点是对变更索赔处理、支付审核控制、合同价格调整、争议调解和解决、技术问题处理和质量监督等进行评价。

（2）工程实施及管理评价　主要评价管理者对工程的造价、质量和进度三项指标的控制能力及结果。这些分析和评价可以从工程监理和项目管理两个方面进行，同时分析相关主管部门的履行职责情况。

（3）项目资金使用的分析评价　主要分析资金的批复与实际到位情况的差异和变化，评价项目财务制度和财务管理情况，资金支付的规定、程序和进度是否合理，是否有利于造价的控制。

4.4.3　项目验收总结及运营绩效评价

项目验收评价主要是对比项目竣工验收总结情况与项目实际完成情况，找出差别、变化及其原因。对于没有进行验收的项目，在开展评价时，可以结合项目验收工作开展。重点是按照有关规定，履行验收程序，总结项目建设经验，弥补存在的不足，完善项目建设。对于已经完成了规定的验收程序的项目，重点是对验收工作规范性进行检查评价，对验收遗留问题的处理情况进行跟踪检查。

对建设项目投产运营工作评价的主要内容有：评价生产服务组织，主要看生产服务组织是否高效统一，是否具有创见性和开拓精神，是否具有组织全面生产经营的综合能力。评价经营管理战略，应具体分析项目单位的经营思想是否树立了经济效益观念、市场经济观念、竞争观念等；经营目标是否体现了贡献目标、市场目标、发展目标和利益目标；经营战略的制定是否体现了优良品质、周到服务、持续发展、合理价格、交货信誉、协作与联合、企业素质等方面的要求。评价产品市场和服务项目开发，包括产品市场和服务项目开发的目标、依据、措施、开发方式、进度、费用等内容。评价员工招聘与培训，包括是否符合现代管理、现代技术和市场经济的要求；设计方案的定员和实有职工人数情况；生产与管理人员的熟练程度和考核上岗情况。

4.4.4 项目绩效和影响评价

（1）项目技术后评价 可行性研究提出的技术方案、工艺流程、设备选型等，都是根据当时的条件和以后可能发生的情况进行预测和设计。随着时间的推移，在使用中有可能与预想的结果有差别，许多不足之处逐渐暴露出来，后评价就需要针对实践中存在的问题、产生的原因认真总结经验，在以后的设计方案中选用更好、更适用、更经济的设备；或对原有的工艺技术流程进行适当的调整，发挥设备的潜在效益。

（2）项目财务后评价 对于没有营业收入或只有少量服务性收入的纯公益性高标准农田建设项目，通常仅以营运期项目年财务净收入作为指标进行项目财务评价。对于有一定营业收入和营利要求的非营利性高标准农田建设项目，一般采用项目资本金财务净现值作为财务评价的基本评价指标。具体可参阅《农业非营利性建设项目经济评价方法》（NY/T 1718—2009）执行。

（3）项目经济后评价 经济后评价又称国民经济后评价，其内容主要是通过编制全投资和国内投资经济效益和费用流量表，以及外汇流量表、国内资源流量表等计算国民经济盈利性指标：全投资和国内投资经济内部收益率和经济净现值、经济换汇成本、经济节汇成本等指标。对于国家明确规定必须进行项目国民经济评价的农业非经营性项目，应该按照住房和城乡建设部与国家发展改革委颁布的《建设项目经济评价方法与参数》（第三版）中规定的方法来进行项目的国民经济评价。

（4）项目环境影响后评价 项目环境影响后评价，是指对照项目评估时批准的《环境影响报告书》、国家环保法、环境质量标准和污染物排放标准以及相关产业部门的环保规定，审核项目环境管理的决策、规定、规范的可靠性和实际效果，同时预测未来环境影响状况。环境影响后评价一般包括五部分内容：项目的污染控制、区域的环境质量、自然资源的利用、区域的生态平衡和环境管理能力。

（5）项目社会影响后评价 项目社会影响后评价是要分析项目对国家或地方社会发展目标的贡献和影响，包括项目对周围地区社会的影响。社会影响评价的方法是定性和定量相结合，以定性为主。社会影响评价的内容有如下七个方面：就业影响，这里主要指项目对就业的直接影响。地区收入分配影响，这里主要是指对富裕地区和贫困地区收入分配上的差别进行分析，项目在收入分配上所起的作用，体现国家扶贫政策、促进贫困地区发展的程度。农民的生产生活条件，主要对比分析项目前后农民生产生活条件变化情况及改善程度等。受益者范围及其反映，对照原定的受益者，分析谁是项目真正的受益者；投入和服务是否到达了原定的对象；实际项目受益者的人数占原定目标的比例；受益者人群的受益程度如何；受益者范围是否合理等。各方面的参与状况，重点是当地政府和农民对项目的态度；他们对项目计划、建设和运行的参与程度；正式或非正式的项目参与机制是否建立起来了等。地域发展，项目对当地农业基础设施建设和未来发展的影响。妇女、民族和宗教信仰，包括妇女的社会地位；对少数民族和民族团结的影响程度；当地人民的风俗习惯和宗教信仰等。

（6）项目管理后评价 对项目管理效果评价包括：组织结构形式的评价，对组织中人员的评价，对激励机制及员工满意度的评价，对组织内部利益冲突调停能力的评价，对组织机构的环境适应性评价等。重点是分析评价项目建设运营中的组织结构和能力，以分析项目组织结构选择的合理性。

5 高标准农田建设绩效评价技术方法

5.1 技术规范程序

5.1.1 技术方案准备

评估单位根据工作需要成立评价工作组和专家组。评价工作组应承担评价方案编制、选择评价指标与权重、组织评价、撰写评价报告等具体工作；专家组应对评价方案、评价指标及权重进行审定，对调查过程中难以量化的指标进行集中评议，对评价成果进行审核。专家组成员应来自财政、土地、农业、水利、林业、经济、统计等专业。

评价工作开始前，应编制技术方案，明确评价范围和对象，选择评价指标和权重，开展现场调查、资料收集、评价指标数据的现场采集与核验等。收集高标准农田建设有关的文件、资料等。主要包括：一是国家、省有关法律法规，技术标准，项目管理制度文件。二是项目立项和设计文件：可行性研究文件，立项批复文件，规划设计文件（含初步设计、招标设计和施工图设计等），设计变更文件等。三是项目工程施工文件：施工招投标文件，合同文件（包括工程量清单），施工总结，竣工图，监理文件，工程检验试验资料，工程质量评定资料等。四是项目验收和管理文件：合同段工程交工验收资料，土地重估与登记资料，竣工验收资料，工程结算报告，审计报告，运行管理文件等。五是工程质量控制与施工质量验收成果：工程质量控制、工程施工质量验收资料，工程复核报告，项目建设前后耕地质量评价成果等[50]。

5.1.2 指标体系构建

按照评价对象、内容和目标的不同，制定高标准农田建设绩效评价指标、指标涵义、数据来源、评价方法与评分规则，并按照一级指标、二级指标和三级指标的划分建立评价指标体系。选择评价指标应遵循针对性、实用性、时效性、可验证性等原则。具体要求如下：一是针对性，评价指标的选择应针对评价对象的特定目标有重点地选择。二是实用性，评价指标和方法的选择应简明、尽可能量化，并符合当地特点；评价结果应能够为决策者提供依据，并为高标准农田建设提供指导。三是时效性，评价指标应与评价区域和工作周期相一致，并对评价时期内可能产生的变化进行分析和预测，提高评价成果的时效性。四是可验证性，不同的评价人按照同一方法，对同一对象的评价应该得到相近的结果，评价指标应尽可能量客观、具体，不同类型指标区分明显，选择和确定权重操作简单[51]。

根据不同对象的评价目的，分别选择评价指标的权重。不同层级评价指标的选择要求如下：下一级评价时，应以建设任务和建设质量的评价为主，其权重之和应不低于70%；上一级级评价时，应以建设任务、建设质量和建设绩效的评价为主，其权重之和应不低于80%；当不同层级下的评价指标出现2个以上时，其权重值应视指标的重要程度，由专家打分法或层次分析法进行确定；必选指标和备选指标同时出现在同一级指标层下时，备选指标的权重值之和应不大于必选指标的权重值之和。

5.1.3 实地调查核实

选择评价指标之前和实施评价时，均应开展现场调查工作。现场调查应深入项目区，收集高标准农田建设的有关资料，并开展评价指标数据的现场采集。现场调查方式包括现场查看、群众访谈、问卷调查、专家集中评议、相关单位和技术人员座谈等。

现场调查中，涉及有关数据采集时，应执行相关标准等规定。现场检查高标准农田建设项目，查阅高标准农田建设有关规划、立项、设计、施工、监理、验收、审计、运行管理等文件，收集工程质量、耕地质量等监测数据，综合评议高标准农田建设管理情况。实地走访项目区群众，询问项目建设前后有关耕地质量、建设绩效等变化情况及公众参与情况，综合评议高标准农田建成后的实际效果[52]。开展现场问卷和群众满意度调查，了解相关利益方对高标准农田建设管理过程的看法和意见，收集建设绩效等指标数据。综合运用专家评价法，针对性地参与现场查看、群众访谈、问卷调查和过程评价等工作，对评价方法和指标数据等进行咨询论证。

5.1.4 数据采集检验

评价中涉及高标准农田建设数量、建设质量、建设绩效等量化指标时，可通过查阅资料、现场量测、遥感图像量算和取样检验等方式，获取真实准确的评价数据。并且，采用取样检验时，应符合工程施工技术、工程质量检验与评定等标准的规定。针对不同评价指标数据的获取，可执行下列规定：一是对于长度、面积、体积等数据，可通过图纸量算、卫星图像量测、现场测量等方法获取[53]；二是对于工程质量，可通过查阅工程质量评定成果和现场抽样检查、外观质量复核等方法获取；三是对于耕地质量，可通过查阅耕地质量等别（等级）评定成果、耕地地力调查与质量评价成果，结合现场勘查和取样检测的方法获取；四是对于建设绩效，可通过查阅当地统计资料、类似项目区模拟、实地观测、入户调查等方法获取；五是引用社会资料时，可通过当地公开的统计资料获取，并充分考虑项目所在地各时期的技术水平、价格水平和社会经济状况等。

5.1.5　公众满意调查

公众满意度调查对象应为使用高标准农田的利益相关方，包括项目区农户、农村集体经济组织、土地经营者和基层政府。调查对象应具有代表性，区域分布合理。公众满意度调查应由项目所在地基层政府组织，评价工作组具体承担，项目所在地村级集体经济组织、农户和土地经营者积极配合。对于农村集体经济组织以上的调查区域，可采取全数调查方式；对于农户、地块等项目基本单元数量较多时，可采取简单随机抽样、概率与规模成比例抽样等抽样方法进行抽样调查，样本数量应保证对总体有代表性，抽样比应不低于10%[54]。开展公众满意度调查之前，应围绕评价内容，设计调查问卷。调查问卷内容主要包括建设任务、工程质量、耕地质量、建设绩效和公众参与情况等。问卷内容应简单明了，通俗易懂，充分反映被调查者的真实意愿。调查工作完成后，应及时进行各项数据的分析整理，并依据公众满意度调查结果，校正和修改建设任务、建设质量、建设绩效等评价成果。

5.1.6　成果总结提交

通过对建设前后的目标进行对比分析，全面评价高标准农田建设目标的实现程度，综合分析原设定目标的合理性、准确性和必要性。通过内、外部条件分析，综合评价高标准农田建设的可持续性。内部条件包括管理人员工作能力、资金到位情况、组织管理水平等；外部条件包括相关政策、法律法规、技术标准、技术进步、地方政府支持、群众意愿等，并编制高标准农田建设成果评估报告。具体绩效评价内容包括：基本情况、工作组织和程序、评价指标选择与评分标准、建设任务完成情况、耕地质量等别（等级）复核情况、建设绩效评价、建设管理评价、社会影响评价、目标和可持续性评价、综合结论等[55]。评估报告编写完成后，同级人民政府应召集国土、农业、水利、林业、交通、经济等领域专家，依据本标准规定，对评价指标、评价内容和评价结论等进行全面审查。审查专家应给出个人意见，并从建设任务、建设质量、建设绩效、建设管理和社会影响等方面给出综合评价结论，提出项目可持续性的建议。根据专家审查意见，修改完善评价报告。专家意见与原评价结论存在较大分歧时，应重新开展评价工作，修正原评价内容和结论。依据评估结论，评价工作组应向本级政府提出高标准农田建设管理和后期利用的政策建议。依据评价结论，结合中央对省、省对市县高标准农田建设评估结果，国家有关部门督促各地规范、有序开展高标准农田建设工作，促进各类建设资金的高效使用。

5.2 技术体系

5.2.1 评估关键技术

5.2.1.1 评估指标体系构建

在组织实施评估前，需要结合高标准农田建设的基本属性和项目特点，构建高标准农田建设绩效全过程评估指标体系，明确评估主体、评估对象、评估目的和评估内容等关键要素，为评估工作的开展提供基础支撑。紧接着，根据评估体系设计评估指标和评估标准，选择合适的评估程序和评估方式，再进行评估和结果应用，最后是处理改进和经验总结。

评估指标体系是评估工作的前提和基础，指标体系设计的科学性将直接影响评估效率，只有构建一套系统的、可操作性强的评估指标体系，才能得出科学的评估结果[56]。本研究在现有研究的基础上，结合高标准农田建设绩效评价的实践经验和现实需求，构建了事前、事中和事后三阶段多维度组合的全过程评估指标体系。

（1）事前决策评估 事前决策评估需要解决高标准农田建设准备问题，为决策的确定和指标方案的制定提供参考意见，主要包括环境支持、可行性和必要性三方面的内容。环境支持是高标准农田建设实施的重要保障，包括政治、经济、自然禀赋等方面的内容。可行性分析能够为决策的制定提供基础支撑，包括政府支持、项目设计、购买成本等内容。必要性是建设效率实现的重要前提，包括社会公众的服务需求、政府的需求和服务特性三个方面的内容。

（2）事中控制评估 事中控制评估是对项目运作过程的评估，解决高标准农田建设问题，以确保高标准农田建设项目的顺利实施。主要包括三方面的内容：一是对高标准农田建设项目的计划组织过程进行监督，确保项目的顺利启动和采购过程的规范性；二是对项目的运作过程进行管理，以便及时发现购买过程中存在的问题，确保服务项目的顺利推进；三是对项目实施效果进行管理和评估，有助于建立相应的激励约束机制，保证公共服务的供给效果。

（3）事后绩效评估 事后绩效评估是对高标准农田建设项目的整体评价，主要包括投入产出、品质绩效、社会影响等方面的内容。投入用以测度高标准农田建设项目投入的资金、人力和基础设施等公共资源，产出用以测度高标准农田建设项目目标的实现程度。品质绩效综合反映项目的实施效果，包括服务质量、项目效益和项目效率等内容。社会影响指服务项目对各个参与主体和社会发展产生影响，主要包括满意度、公平性和项目影响三个方面的内容。

  高标准农田建设绩效评价涵盖了从项目立项到结项的整个过程，不同评估阶段具有不同的评估目的和评估内容，但彼此之间又相互联系、相互影响。高标准农田建设绩效评价的各个评估阶段不是孤立存在的，事前决策评估是顺利实施的基础，评估结果越好，项目的事中控制效果和项目绩效也越好。事中控制评估的开展情况直接决定项目的事后绩效水平，事中评估也需要对项目进行阶段性绩效评估，及时地发现项目执行过程中存在的各类问题，并制定出相应的应对策略，防止出现不可逆问题造成无法挽回的损失。事后绩效评估是对项目运作效率的整体评估和考核，评估结果为项目资金支付和奖惩制度设计提供依据，同时可以更好地总结经验教训，为后续项目的事前决策评估和事中控制评估提供参考依据，有助于进一步完善高标准农田建设绩效评价机制。总之，高标准农田建设绩效全过程评估是一个各个评估阶段相互依存、评估效用螺旋上升的评估过程。

5.2.1.2 项目评估问卷设计

  目前，关于高标准农田建设的各类绩效评价报告中，虽然有相关问卷设计分析，但是存在一定的问题。主要体现在两个方面，一方面是绩效评价问卷的设计，设计思路过于简单，所考虑的因素不全面，一般一份优质的问卷需紧紧围绕研究主题与研究目的，考虑题目的易理解性、全面性、直观性，考虑问卷是否便于统计分析，考虑被评价主体的特点、问卷调查对象的范围，考虑各个问题的排列顺序，而在实际设计问卷的过程中，对于各个问题的排序顺序仅随各自设计者主观想法进行安排，尤其是在题目涉及时间或者空间及题目过于专业时，而所调查的对象文化程度参差不齐，两者存在一定的不匹配，导致应答者思维混乱，无法更好地作答；问题的设置随评价主体进行设计，题目的长短用词、回答的格式等细节方面也存在或多或少的丢失[57]。如在题目的设置过程中使用"普通""一些"等词时，用词不准确，使各个作答者理解不同，同时也存在对同一个效益或满意度考察时题目设计重复，使问卷所反映出的效果或满意度与调研目的未全面对应。也出现过一个题目包含了多个问题或者主体，出现复合型问题，与问卷设计的七大原则之一的明确性相违背。更重要的是设计完问卷之后缺少一个对其进行初步检查的步骤，没有对问卷进行评估。另一方面，绩效评价问卷分析未有效利用整个问卷题目，在诸多问卷中，最普遍的分类就是分三大类，包括基础问题、基本问题、满意度问题，但在实际分析过程中各绩效评估撰写者只针对满意度问题进行求取满意度值，对于其他问题分析较少。

　　针对以上存在的问题，绩效评估的问卷设计要做到设计问卷思路要与调查目的相对应，题目设置要精简全面、简单易懂明确，同时充分考虑被调查者的特点，包括文化水平、时间、地区等，与问卷题目要有匹配性，并合理安排问题的顺序，遵循先易后难，先具体后抽象，敏感性问题和开放性问题置于问卷最后，问题的安排要逐级进行铺垫。在问卷设计完成后组织项目评价组和专家对问卷进行讨论，对受访者在填写问卷时所遇到的一些问题进行预设，或者挑选与受访者相似的人群进行测试。更深层次的可以借助统计软件 SPSS 对问卷的效度及信度进行检验，使问卷设计科学合理，结果真实可靠。

　　在问卷分析时，可以对相关的模型组成因子进行遴选，经过简单化处理，使其在实操过程中能够得以应用。在具体分析过程中，则采取较为科学合理的方法进行问卷分析，主要分为基础问题、基本问题及满意度分析，在基础问题和基本问题分析中采用均值比较、频数分析、集中趋势分析、交叉分析、相关分析和数据的离散程度等，通过定性与定量分析的方式衡量项目实际达到的效益是否符合预期目标。而求取整体满意度值时通常采取加权平均法。将问卷中每个满意度指标的评价进行统计，即算术平均，得出该指标的满意度，再把每个指标的满意度按照权重进行加权平均得出满意度。其中非常满意设定分值为 5 分，比较满意设定分值为 4 分，一般满意设定分值为 3 分，不满意设定分值为 2 分，很不满意设定分值为 1 分。

5.2.1.3　样本抽样方案制定

　　如何抽取适量样本才能既保证真实反映被抽检批的质量，又能尽量降低检验费用，即既要考虑其经济性，又要降低抽样检验风险，增加可操作性。这些都是为高标准农田建设绩效评估服务必须要思考和面临选择的技术问题。

　　高标准农田建设绩效评价，类似于对产品质量进行检测。因此，参考抽样原理与方式，抽样检验通常可分为全数检验与抽样检验两种方法。全数检验是对交检的一批产品中的每一单位产品逐一进行检验，并对每一单位产品做出合格与不合格的判定，并挑出不合格品。这种质量检验方法只适用于经检验后合格批中不允许存在不合格品、生产批量少、检验费用低和检验项目少等情况，而且检验还要是非破坏性的。基于上述因素全数检验具有较大的局限性，如产品产量大、检验项目多和检验较复杂时进行全数检验势必要花费大量的人力和物力，而当质量检验具有破坏性时，全数检验更是不可能的。因此，对高标农田建设绩效进行评估时，更多的是采用抽样检验方法。

　　抽样检验主要涉及处理有关总体和部分之间的关系问题。其基本作用是向人们提供"由部分认识总体"这一目标的途径和手段。在社会调查中，抽样主要解决的是调查对象的选取问题，即如何从总体中选取一部分对象来作为总体的代表的问题[58]。以现代统计学和概率论为理论基础的现代抽样理论以及不断发展、不断完善的各种抽样方法是架在研究者十分有限的人力、财力和时间与庞杂广泛、纷繁多变的社会现象之间的桥梁。它适应了现代社会调查发展和应用的需要，可以帮助研究者方便地从较小的部分达到很大的整体。

在抽样检验的基础上，"零缺陷"（$C=0$）抽样方法也应运而生。零缺陷理论核心是："第一次就把事情做对"。所谓"零缺陷"抽样方案，简单地说，就是不管你的批量和样本大小如何，其抽样检验的接收数 $A_c=0$，即"0 收 1 退"。与传统抽样方式相比，"零缺陷"（$C=0$）抽样方案不存在加严、放宽与正常检验之间的转移规定，也没有二次及多次抽样计划。"零缺陷"（$C=0$）抽样方案仅使用一张主抽样表，相对传统方式的几十张抽样表大大简化，既方便学习，也便于使用管理。同时，"零缺陷"（$C=0$）抽样方案不仅适用于逐批检验，也适用于孤立批次检验。"零缺陷"（$C=0$）抽样方案的易学易用性，更有助于帮助形成严谨、务实的工作作风。

5.2.1.4 农田实地调查开展

农村土地调查成果直接为土地资源科学管理、社会经济宏观决策提供基础依据，对国民经济影响极为深远。土地调查技术方法的多样性导致土地调查方法的选择存在了一定的条件[59]。针对高标准农田建设绩效评价，如何合理选择有效的土地调查技术方法，实现更高效、无偏差的土地调查就要先了解各种土地调查技术方法的特性，才能更科学合理地进行土地调查技术方法的设计，才能更准确、高效地完成高标准农田建设绩效评价工作。

农村土地调查技术方法主要是全野外法和内外业一体化法，这两种方法的区别不仅反映在内外业工作量多少的不同，而且还反映在对作业成果的检查上，从作业效率上来说，内外业一体化法要优于全野外法，全野外法体现在室外作业的工作量较大，而内外业一体化法主要是内业作业时间较多。全野外法采用的是先内业少预判，对于地类的确定、线状地物和自然村名全采用实地调查的方法，而内外业一体化法先充分内业预判，外业作业还可以对内业情况进行检查和修改，大大地减少了外业的工作量[60]。全野外法的缺点是外业作业工作量太大，外业中除了对线状地物宽度采集和自然村名等反映在调查底图上外，还有对地类范围等的确定；而内外业一体化法只要在室外对室内作业内容的修改进行少量采集即可。这大大减少了外业的工作量，同时增加了对内业和外业数据的检查。从上面可以看出，对于内外业一体化的作业方法有三个优点：一是内业的充分预判，减少了外业的工作量；二是内业作业对地类判别，在外业还可以对其范围、地类、位置等的正确性做一次检查；三是对于外业调绘情况的反映在内业矢量数据上更为方便，并能对预判数据再做一次检查和修改。

随着实地调查经验的丰富，全野外法和内外业一体化法综合法应运而生，并得以应用。在复杂丘陵、山区，宜充分利用并结合两种方法，即对于影像比较模糊、影像地物阴影比较多、影像现势性差的区域，采用全野外法，而对于地势比较平坦、影像清晰的一些区域，采用内外业一体化法，同时采用固定作业人员的方法，即内外业为同一作业员，减少在作业员交接时产生的数据的丢失。具体流程如下：

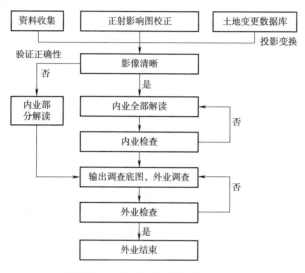

全野外与内外业一体化综合法流程图

5.2.2 评估支撑技术

5.2.2.1 农业遥感监测技术

近年来，我国部分地区出现在耕地上挖塘养鱼、种植绿化花卉苗木、种植茶叶果树等耕地"非粮化"行为，造成耕地耕作层破坏、耕作层损伤、土壤结构破坏等不同程度影响粮食生产能力，从而影响总体的高标准农田建设绩效。2020年，国务院办公厅印发了《关于防止耕地"非粮化"稳定粮食生产的意见》，对耕地实行特殊保护和用途管制，严格控制耕地转为林地、园地等其他类型农用地，采取有力举措防止耕地"非粮化"，加强高标准农田建设，切实稳定粮食生产，牢牢守住国家粮食安全的生命线。

遥感影像监测对于高标准农田建设绩效评价来说是一种较好的监测手段，可直观反映耕地变化范围、面积和信息。我国自2010年开启高分专项以来，共发射十四颗卫星，包括光学卫星、多光谱卫星、高光谱卫星、SAR卫星和立体测绘卫星等。同时，国内还有珠海一号、吉林一号等民用商业卫星，另外，国外有Landsat系列、哨兵系列等免费卫星和SPOT系列、WorldView系列等商业卫星[61]。使得国内可用的遥感卫星数据数量可基本满足遥感动态监测耕地"非粮化"应用需求。大数据、人工智能、空间信息等高新技术的迅猛发展，为遥感影像智能解译提供了必要的技术支撑和保障条件。研究遥感动态监测耕地"非粮化"应用，对于防止耕地"非粮化"，提升耕地监测监管现代化水平，全面压实耕地保护责任，实现高标准农田建设绩效全方位评估，切实保障国家粮食安全和社会安定具有深远的意义。

构建高标准农田建设绩效评价遥感监测机制，建立月度监测、季度监测、年度监测的更新机制。月度监测是指每月利用当月采集的卫星遥感影像数据，对比上年末第四季度高分辨率卫星遥感影像数据，提取耕地变为林地、园地、草地、设施农用地、农村道路、沟渠、坑塘水面等耕地"非粮化"图斑；季度监测是指每季度利用当季采集的卫星遥感影像，对比上年末第四季度高分辨率卫星影像，提取耕地变为林地、园地、草地、设施农用地、农村道路、沟渠、坑塘水面等耕地"非粮化"图斑，实现全域覆盖；年度监测是指年末利用年度卫星遥感影像，对比上年末第四季度高分辨率卫星遥感影像，提取耕地变为林地、园地、草地、设施农用地、农村道路、沟渠、坑塘水面等耕地"非粮化"图斑。

从四个方面完善高标准农田建设绩效评价监测流程：一是资料准备与处理阶段。准备上年度国土变更调查成果数据、用地审批红线数据、永久基本农田划定数据和遥感影像数据等。对准备的数据进行坐标转换、影像数据预处理等。二是遥感解译阶段。分为智能解译和人机交互解译，首先建立智能解译样本库，立足大量样本训练，利用智能解译技术提取耕地"非粮化"图斑，然后利用人工目视解译的方法巡查图面，补充提取耕地"非粮化"漏提图斑，并对自动提取的图斑录入相关属性。三是实地核查阶段。对遥感解译提取的耕地"非粮化"图斑全部开展实地核查，核实各图斑耕地"非粮化"的类型、范围等实地情况，并删除内业提取的伪变化图斑。四是建库阶段。根据外业核查结果，建立高标准农田建设绩效评价动态监测成果数据库。

5.2.2.2 数据建库分析技术

数据库技术是一种研究数据存储、管理、使用的技术手段，是近年来计算机技术中发展速度较快、应用广泛的技术之一。目前，数据库技术在农业生产中也得到了应用，并取得一定的成果[62]。高标准农田数据库是耕地基本信息数据库的一个重要分支，属于地理信息系统，其与传统信息系统最大区别是其建立在空间地理坐标基础之上，不仅仅是文字报表数据，还更精确地定义了位置、面积、高程、深度等空间地理属性，结合了测绘地理学、地图技术以及遥感和计算机科学，广泛地应用在不同的领域。把数字地图这种独特的视觉化效果和地理分析功能与数据库的查询统计分析有效地集合在了一起。

高标准农田数据库要求优先选择建设在基本农田，其次是建设在粮食生产功能区与重要农产品保护区，再次是优质农田。同时要兼顾建成的高标准农田划入永久基本农田、农村土地承包经营权权属调整、耕地质量提升评定、新增耕地核定、国土变更调查。高标准农田数据库已不是单独地应用于农田建设这一项，而是参与到与耕地基本信息相关的各个环节中去，体现出了应用方向的综合性与复杂性。

为规范高标准农田建设绩效评价，保障好国家粮食安全，需要设计高标准农田信息化解决方案，综合应用移动互联网、大数据、云计算、卫星遥感等技术，打造"1+1+1"建设模式，即1个农田大数据中心＋1个工作平台＋1个移动端。具体可以通过建设农田大数据中心，打造PC端数据库管理软件实现数据建库、上图入库、地图发布等功能。工作平台服务于省、市、县、乡、村级用户，提供驾驶舱、一张图、项目管理、统计分析等功能。移动端针对建后管护，提供手机定位、农田巡查、设施管理等功能。高标准农田数据库加快实现高标准农田位置明确、地类正确、面积准确、权属清晰，农田建设与保护全程数字化动态监测和监管，有效推进高标准农田建设绩效评价落地落实。

5.2.2.3　评估可视化与模拟技术

评估可视化技术指将抽象之物形象化，所谓一图胜千言。研究表明，人每天所接收的信息中约83%通过视觉获得，可视化将不可见的事物（如气流）通过可见的形式表达，从而让人可以去观察和理解相应事物，获得更多信息。

评估可视化是将抽象的"数据"以可见的形式表现出来，帮助人理解数据。现代可视化利用计算机将数据转换成图形或图像在屏幕上显示出来，并进行交互处理。它涉及计算机图形学、图像处理、计算机视觉、计算机辅助设计等多个领域，成为研究数据表示、数据处理、决策分析等一系列问题的综合技术。这一概念自1987年正式提出，经过30余年的发展，逐渐形成3个分支：科学计算可视化、信息可视化和可视分析。科学计算可视化是指将具有空间维度属性的数据（如医学、计算流体力学和气象学）进行可视化的方法，是可视化研究中传统的研究领域，在上述3个分支中得到的研究也最多。信息可视化伴随互联网兴起而诞生，主要用于相对抽象的非空间数据可视化，这是大众接触相对较多的可视化形式。可视分析在科学计算可视化和信息可视化的基础上，更加注重分析推理与交互，近年来研究逐渐增加。值得注意的是，在诸多数据可视化应用中，三者的界限逐渐模糊，例如传统的数值模拟科学计算可视化常常结合风洞实验的传感器和拍照数据；可视分析所处理的对象也不限于抽象的信息数据。3个子领域出现了逐渐融合的趋势。本文统称为"数据可视化"。

大数据可视化是高标准农田建设绩效评价必要技术组成之一。评估大数据可视化源于传统的数据可视化，其核心要义依然是将数据映射为图表等可见的形式，不同之处在于大数据可视化相对传统的数据可视化，处理的数据对象有了本质不同，在已有的小规模或适度规模的结构化数据基础上，大数据可视化需要有效处理大规模、多类型、快速更新类型的数据。这给数据可视化研究与应用带来一系列新的挑战。因此，在传统数据可视化基础上，尝试给出大数据可视化的内涵如下：大数据可视化是指有效处理大规模、多类型和快速变化数据的图形化交互式探索与显示技术。其中，有效是指在合理时间和空间开销范围内；大规模、多类型和快速变化是所处理数据的主要特点；图形化交互式探索是指支持通过图形化的手段交互式分析数据；显示技术是指对数据的直观展示。

5.3 技术方案研制

5.3.1 评估指标体系构建

5.3.1.1 评估指标原则

绩效评价指标体系的目标分为总体目标和具体目标，前者用来衡量其经济性、效率性和效果性，而后者则是针对具体行为而制定的。高标准农田建设项目的受益群体是农民，同时也是乡村振兴的重要工程项目，因此在评价体系的构建也需考虑公平性和环境性。按照农业建设工程的政策要求，评价人员要对农业项目中的各类经济活动进行调查，综合考虑其投资的目标是否实现，分析评价其是否达到了经济性、效果性、公平性、效率性及环境性这五个方面的评价标准，其后对项目主体管理责任履行情况进行监督和指导，以进一步推动其规范运行，让资金效益得以进一步提升，保障顺利实施高标准农田建设项目工程，最终完成其综合绩效评价活动。构建高标准农田建设绩效评价指标体系必须遵循一定的原则：

（1）目标一致性原则 目标一致性原则要求绩效评价指标体系、被评价对象的战略目标、绩效评价的目的三者一致。一方面，绩效评价的目的就是引导、帮助被评价对象实现其战略目标以及检验其战略目标实现的程度。因此，设定和选择绩效评价指标时，应从高标准农田建设的战略目标出发，根据战略目标来设定和选择绩效评价指标。另一方面，在责任清晰的基础上，依据绩效评价内容，必须坚持上级对下一级进行分类评价，保证绩效目标是通过一层一层的层级分目标来实现的。这就客观要求一定层级的绩效评价指标必须与同一层级的绩效评价目的相一致，要服从、服务于同一层级绩效评价目的的达成。

（2）可测性原则 高标准农田建设绩效评价指标的可测性主要包括绩效评价指标本身的可测性和指标在评价过程中的现实可行性。绩效评价指标本身具有可测性是指评价指标可用操作化的语言定义，所规定的内容可以运用现有的工具测量获得明确结论。不能量化的指标，定性描述也应该具有直接可测性；不具有直接可测性的内容，应通过可测的间接指标来测量。绩效评价指标在评价过程中的现实可行性有两方面的要求：一是能不能够获取充足的相关信息；二是评价主体能不能做出相应的评价。

（3）整体性原则　首先，整体性原则要求指标体系内指标全面、系统地反映地方政府公共事业管理绩效的数量和质量要求。它要求指标体系不遗漏任何一项重要指标，通过各项指标的相互配合全面、系统体现高标准农田建设绩效的数量和质量要求。其次，指标体系中的各个具体指标之间，在其涵义、口径范围、计算方法、计算时间和空间范围等方面，要相互衔接，综合、系统地反映高标准农田建设绩效各构成要素之间的数量关系、内在联系及其规律性。最后，指标体系要有统一性。一方面，就绩效评价指标体系的内部关系来说，同一评价指标的涵义、口径范围、计算方法、计算时间和空间范围等必须是统一的；另一方面，就绩效评价指标体系与外部的关系来说，必须与其相对应的计划指标等具有统一性。

（4）可比性原则　首先，指标体系中的指标要具有相互独立性，同一层次上的指标之间必须相互独立，不能交叉重叠，否则就无法比较。其次，指标必须反映高标准农田建设绩效的共同属性，反映高标准农田建设绩效属性中共同的东西。只有在质、相一致的条件下，才能比较两个具体评价对象在这一方面量的差异。在不同地区之间进行比较时，除指标的口径、范围必须一致外，一般用相对数、比例数、指数和平均数等进行比较才具有可比性。为保证同一单位不同时间上的可比性，设计地方高标准农田建设绩效评价指标时，既要充分体现当时当地的实际需要与客观条件的相对稳定性，又要对近期发展有所预见而力求保持一定的连续性。

（5）可行性原则　可行性原则对高标准农田建设绩效评价指标体系构建做出两个方面的规定性。一是指标要有针对性。根据特定地方高标准农田建设的职能和绩效目标来设定绩效评价指标，做到有的放矢。既要全面反映特定地方高标准农田建设的职能和绩效目标，又要突出特定地方农田建设重点方向，突显特定地方高标准农田建设绩效的特色和优势。二是评价指标要有可操作性。能够量化的指标尽量量化，不能量化的指标，尽量使用如"优""良""一般""较差""差"等多阶段标准。同时，指标也不是越多越好、越繁越好，能精简的尽量精简，能简化的尽量简化，做到以精取胜、以质取胜。

5.3.1.2　评估指标要求

考虑到我国不同区域的自然条件、发展阶段、治理水平等存在显著差异，高标准农田建设绩效评价除了选择适用于全国的普适性评估指标之外，还需要在诊断区域问题的基础上，遴选反映评估区域特征的指标，以适用于不同区域在开展高标准农田建设绩效评价的指标体系。因此，在对不同区域开展评估时，还需要从评估指标库中对指标进行进一步筛选，以便建立有针对性符合评估区域的指标体系。基于此，建立了指导各地开展本地区高标准农田建设绩效评价的指标筛选技术流程。

（1）剔除不适合具体区域进展评估的指标　上述建立的高标准农田建设绩效评价指标库，其评估对象为全国层面，不能直接用于评估具体某个区域、省份或城市的高标准农田建设进展。因此需要将不适合或与评估区域实际情况不相符的指标进行剔除，保留具备当前可监测、可评估、可分解、可获取的相关指标。如内陆地区可剔除"近岸海域水质（一、二类）比例"有关指标。

（2）替换与评估区域指标不一致，但相关性较强可被修正和完善的指标　对于在高标准农田建设绩效评价指标库中，评估区域不具备数据来源的指标，考虑部分指标的相似性，寻找与评估指标库中指标内涵相同、具有可靠数据来源的指标进行替换，既可以保证指标数据的可靠与可得，同时也确保指标表述的普适性。如部分地区统计数据中无"地下水综合利用率"指标信息和数据，而有"灌溉利用率"指标的统计数据，则可将二者替换。

（3）新增符合高标准农田建设主要领域的地方特色指标　充分考虑评估区域实际情况以及开展高标准农田建设的实践安排，将与高标准农田建设内涵一致的指标增添至评估指标体系中。各地基于已建立的美丽中国建设评估指标库，通过剔除、替换、新增等筛选程序，即可构建形成适合本地区开展美丽中国建设评估的指标体系。

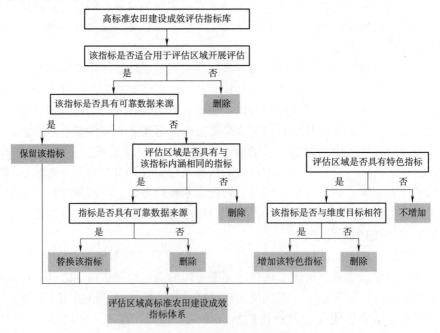

区域高标准农田建设评估指标筛选流程

5.3.1.3 评价指标思路

（1）确定项目绩效目标 在高标准农田建设项目立项阶段，应明确项目总体政策目标。在此基础上，根据有关中长期工作规划、项目 实施方案等，特别是与项目立项直接相关的依据文件，分析重点工作任务、需要解决的主要问题和相关财政支出的政策意图，研究明确项目的总体绩效目标，即总任务、总产出、总效益等。

（2）分解细化指标 分析、归纳总体的绩效目标，明确完成的工作任务，将其分解成多个子目标，细化任务清单。根据任务内容，分析投入资源、开展活动、质量标准、成本要求、产出内容、产生效果，设置绩效指标。

（3）设置指标值 绩效指标选定后，应参考相关历史数据、行业标准、计划标准等，科学设定指标值。指标值的设定要在考虑可实现性的基础上，尽量从严、从高设定，以充分发挥绩效目标对预算编制执行的引导约束和控制作用。避免选用难以确定具体指标值、标准不明确或缺乏约束力的指标。

（4）加强指标衔接 强化一级项目绩效目标的统领性，二级项目是一级项目支出的细化和具体化，反映一级项目部分任务和效果。加强一、二级项目之间绩效指标的有机衔接，确保任务相互匹配、指标逻辑对应、数据相互支撑。经部门审核确定后的一级项目绩效目标及指标，随部门预算报财政部审核批复。二级项目绩效目标及指标，由部门负责审核。

5.3.1.4 评价指标内容

参考相关文献的梳理及经验总结，本研究设定为高标准农田建设绩效评价指标具体包括成本指标、产出指标、效益指标和满意度指标四类一级指标。

（1）成本指标 为加强成本管理和成本控制，应当设置成本指标，以反映预期提供的高标准农田建设项目所产生的成本。项目支出首先要强化成本的概念，加强成本效益分析。对单位成本无法拆分核算的任务，可设定分项成本控制数。对于具有负外部性的支出项目，还应选取副作用成本指标，体现相关活动对生态环境、社会公众福利等方面可能产生的负面影响，以综合衡量项目支出的整体效益。

成本指标包括经济成本指标、社会成本指标和生态环境成本指标等二级指标，分别反映项目实施产生的各方面成本的预期控制范围。

①经济成本指标。反映实施相关项目所产生的直接经济成本。

②社会成本指标。反映实施相关项目对社会发展、公共福利等方面可能造成的负面影响。

③生态环境成本指标。反映实施相关项目对自然生态环境可能造成的负面影响。

（2）产出指标　产出指标是对预期产出的描述，包括数量指标、质量指标、时效指标等二级指标。

产出指标的设置应当与主要支出方向相对应，原则上不应存在重大缺项、漏项。数量指标和质量指标原则上均需设置，时效指标根据项目实际设置，不作强制要求。

①数量指标。反映预期提供的公共产品或服务数量，应根据项目活动设定相应的指标内容。数量指标应突出重点，力求以较少的指标涵盖体现主要工作内容。

②质量指标。反映预期提供的公共产品或服务达到的标准和水平。

③时效指标。反映预期提供的高标准农田建设项目的及时程度和效率情况。设置时效指标，需确定整体完成时间。对于有时限完成要求、关键性时间节点明确的项目，还需要分解设置约束性时效指标；对于内容相对较多并且复杂的高标准农田建设项目，可根据工作开展周期或频次设定相应指标。

（3）效益指标　效益指标是对预期效果的描述，包括经济效益指标、社会效益指标、生态效益指标等二级指标。

对于具备条件的社会效益指标和生态效益指标，应尽可能通过科学合理的方式，在予以货币化等量化反映的基础上，转列为经济效益指标，以便于进行成本效益分析比较。

①经济效益指标。反映相关产出对经济效益带来的影响和效果，包括相关产出在当年及以后若干年持续形成的经济效益，以及自身创造的直接经济效益与间接经济效益。

②社会效益指标。反映相关产出对社会发展带来的影响和效果，用于体现项目实施当年及以后若干年在服务农业生产、提升农户收入水平、落实国家政策、保护粮食安全、维持社会稳定方面的效益。

③生态效益指标。反映相关产出对自然生态环境带来的影响和效果，即对生产、生活条件和环境条件产生的有益影响和有利效果。包括相关产出在当年及以后若干年持续形成的生态效益。

（4）满意度指标　满意度指标是对预期产出和效果的满意情况的描述，反映服务对象或项目受益人及其他相关群体的认可程度。对申报满意度指标的项目，在项目执行过程中应开展满意度调查或者其他收集满意度反馈的工作。

①单位面积受益人数。指高标准农田建设区内涉及的土地权益人数占项目面积的比重，反映地均受益农民密度。

②农民总体满意度。衡量项目区群众对高标准农田建设实施全过程的总体满意程度，其具体包含农民对项目区土地平整、田间道路、灌溉排水、输配

电、农田防护与生态环境保持等工程建设情况的满意度。

③村集体参与项目管理情况满意度。项目区群众对村集体组织推进土地整治项目情况的满意程度。

高标准农田建设绩效目标体系的设定

	一级指标	二级指标	三级指标
绩效目标设定	成本指标 20%	经济成本指标	高标准农田建设项目亩均补助标准（元）
		社会成本指标	地力培肥
		生态环境成本指标	路边沟
			Ⅱ型管涵
			改建田间道
	产出指标 40%	数量指标	高标准农田建设面积（≥亩）
			路边沟
			田间道
			Ⅱ型管涵
		质量指标	丘陵区生产道路通达度（≥%）
			工程寿命（≥年）
			项目（工程）验收合格率
			项目实施方案及施工均应符合现行的国家有关建筑设计规范和行业标准
		时效指标	项目开工时间
			项目竣工时间
			投入使用时间
			任务完成及时率（≥%）
	效益指标 20%	经济效益指标	新增粮食和其他作物产能（≥万公斤）
			新增种植业总产值
			人均年纯收入增加量
		社会效益指标	项目区涉及村委会及村小组
			项目区受益人数
			受益建档立卡户数
			受益建档立卡人数
		生态效益指标	耕地质量（比上年提高）
			水资源利用率（比上年提高）
			新增建设高标准农田（亩）

（续）

一级指标	二级指标	三级指标
绩效目标设定	满意度指标 10%	服务对象满意度指标
		单位面积受益人数
		农民总体满意度
		村集体参与项目管理情况满意度
	预算执行率 10%	执行程度
		按区间赋值

5.3.1.5 评价指标权重

（1）绩效目标的权重 绩效指标分值权重根据项目实际情况确定。原则上一级指标权重统一按以下方式设置：对于设置成本指标的项目，成本指标20%、产出指标40%、效益指标20%、满意度指标10%（其余10%的分值权重为预算执行率指标）。各指标分值权重依据指标的重要程度合理设置，在高标准农田建设项目的预算批复中予以明确，设立后原则上不得调整。

（2）绩效指标的赋分规则

①直接赋分。主要适用于进行"是"或"否"判断的单一评判指标。符合要求的得满分，不符合要求的不得分或者扣相应的分数。

②按照完成比例赋分，同时设置及格门槛。主要适用于量化的统计类等定量指标。具体可根据指标目标值的精细程度、数据变化区间进行设定。

预算执行率：

预算执行率的赋分规则

预算执行率	原　　则	赋　　分
项目完成，且执行数控制在年度预算规模之内	按区间赋分，并设置及格门槛	10分
项目尚未完成，预算执行率小于100%且大于等于80%		7分
预算执行率小于80%且大于等于60%		5分
预算执行率小于60%		0分

定量指标：

定量指标的赋分规则

定量指标	原　　则	赋　　分
小于60%	按比例赋分，并设置及格门槛	0分
大于等于60%	按比例赋分，并设置及格门槛	按超过的比重赋分，计算公式为： 得分＝（实际完成率－60%）/（1－60%）×指标分值

③按评判等级赋分。主要适用于情况说明类的定性指标。

定性指标的赋分规则

定性指标	原　　则	赋　　分
基本达成目标	按区间赋分	80％～100％（含）
部分实现目标		60％～80％（含）
实现目标程度较低		0％～60％

④满意度赋分。适用于对服务对象、受益群体的满意程度询问调查，一般按照区间进行赋分。该指标主要反映项目区内长期居住从事农业生产并可通过高标准农田项目建设直接或间接受益的农民群众及其他相关群体的认可程度。

单位面积受益人数：直接获益的人口数与项目规模的比值。具体评分公式为：

$$单位面积受益人数＝项目区受益人数/项目规模$$

农民总体满意度：项目区群众对土地整治项目实施全过程的总体满意程度。由项目区座谈走访整理而得，包含农民对项目区土地平整、田间道路、灌溉排水、输配电、农田防护与生态环境保持等工程建设情况的满意度。满意度采用问卷调查方式，取值1～100。

村集体参与项目管理情况满意度：项目区群众对村集体组织推进土地整治项目情况的满意程度。满意度采用问卷调查方式，取值1～100。

综上，将满意度按比例进行赋分，原则具体如下：

满意度的赋分规则

满意度指标	原　　则	赋　　分
满意度大于等于90％	按区间赋分，并设置及格门槛	10分
满意度小90％且大于等于80％		8分
满意度小于80％大于等于60％		5分
满意度小于60％		0分

5.3.2　抽样方案制定

5.3.2.1　抽样原则

一个优秀的抽样设计所应该满足四条标准，即目的性、可测性、可行性、经济性，这四条标准也可以说是进行抽样设计时所应遵循的四条原则。

（1）目的性原则　指在进行抽样方案设计时，要以课题研究的总体方案和研究的目标为依据，以研究的问题为出发点，从最有利于研究资料的获取以及最符合研究的目的等因素来考虑抽样方案和抽样方法的设计。

（2）可测性原则　指抽样设计能够从样本自身计算出有效的估计值或者抽样变动的近似值。在研究中通常用标准差来表示。通常，只有概率样本在客观上才是可测的，即概率样本可以计算出有效的估计值或抽样变动的近似值。

（3）可行性原则　指研究者所设计的抽样方案必须在实践上切实可行。它意味着研究者所设计的方案能够预料实际抽样过程中所可能出现的各种问题，并设计了处理这些问题的方法。

（4）经济性原则　指抽样方案的设计要与研究的可得资源相适应。这种资源主要包括研究的经费、时间、人力等。

由于这四条标准相互之间存在着一定的制约关系，甚至会相互冲突，因而在实际设计中，研究者很难设计出一个在上述四个原则上同时达到最大值的抽样方案。在更多的情况下，实际的抽样设计就成为研究者在这四条标准中进行取舍和保持平衡的过程。这四条标准中，目的性原则和可行性原则是首要的。抽样设计要服务于研究的目标，这是设计的出发点和基本目的。而可行性则是设计方案得以实现的前提和保证。

5.3.2.2　抽样步骤

评估样本的基本方法是：对研究者实际抽取样本的具体方法和程序进行分析与检查，看其是否保证了总体中的每一个个体都有已知且相等的概率被选入样本。同时，也可以辅之以比较的方法，将可得到的、反映总体中某些重要特征及其分布的资料与样本中的同类指标的资料进行对比。若二者之间的差别很小，则说明样本的代表性较强；反之，若二者之间的差别十分明显，那么样本的质量和代表性就一定不会很高。一般来说，用来进行比较的总体结构指标越多越好，各种指标对比的结构越接近越好。具体划分为5个步骤：

（1）界定总体　界定总体是指在具体抽样前，首先对抽取样本的总体范围与界限作明确的规定。总体的界定一方面由抽样调查的目的所决定，因为抽样调查虽然只对总体中的一部分个体实施调查，但其目的却是为了描述和认识总体的状况与特征，所以必须事先明确总体的范围。另一方面，界定总体也是达到良好的抽样效果的前提条件。对总体的范围与界限不明确，就可能抽取对总体严重缺乏代表性的样本。

（2）制定抽样框　制定抽样框的任务是依据已经明确界定的总体范围，收集总体中全部抽样单位的名单，并通过对名单进行统一编号来建立起供抽样使用的抽样框。当抽样是分几个阶段、在几个不同的抽样层次上进行时，则要分别建立起几个不同的抽样框。

（3）决定抽样方案　在具体实施抽样之前，依据研究的目的和要求，依据各种抽样方法的特点和其他有关因素来决定具体采用哪种抽样方法。还需要根据调查的要求确定样本的规模和主要目标量的精确程度。

（4）实际抽取样本　在上述几个步骤的基础上，严格按照所选定的抽样方法，从抽样框中抽取一个个的抽样单位，构成调查样本。依据抽样方法的不同及抽样框是否可以预先得到等因素，实际抽样工作既可能在实地调查前就完成，也可能要在实地后完成。实地进行抽样时，往往是直接由调查员按照预先制定好的操作方式或具体方法执行。

（5）评估样本质量　样本评估是指对样本的质量、代表性、偏差等进行初步的检验和衡量，其目的是防止由于样本的偏差过大而导致调查的失误。

5.3.2.3　抽样方案

在开展关于高标准农田建设绩效评价调研中，涉及的调研总体较大，且调研地区的下属区域有明显的行政划分，各个行政单元内特征不鲜明、差异不明显，如果仅采用某一种抽样方式，难以达到良好的抽样效果。依据各种抽样方式的特点和调研实际，拟采用分层抽样与系统抽样结合的抽样设计，来提高抽样效率和样本的代表性，具体做法是：按调研地区的行政划分确定抽样的层级，再结合各个行政单元的高标准农田项目数目进行随机抽样。

依据三个字段属性共有三种分层方案，字段属性分别是地貌、市县界和高标准农田已上图面积。地貌分层中将属性表中的地貌因子分为三层，即山地、丘陵和平原。区域分层中是依据市县界的字段属性连接到土地清查数据中，分层的依据是按照山地、丘陵和平原的地貌属性与行政区域结合。图斑分层中将已上图高标准农田面积的界限连接，分层的依据是按照山地、丘陵和平原的地貌属性与已上图高标准农田建设面积相结合。

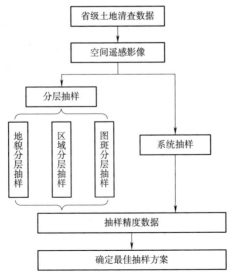

高标准农田绩效评价的抽样设计流程图

（1）样本量的确定　为保证第三方评估工作的实效性，分别从经费和精度两个角度综合计算抽样调查的样本量。

①由经费计算样本量。将由经费计算的样本量计为 n_p，一般情况下，根据费用要求可构建费用函数为

$$C_T = C_0 + C_a n_p$$

由于本文的抽样调查设计有层级划分，各层的单位样本调查费用存在差异，因此构建的费用函数为

$$C_T = C_0 + \sum_{i=1}^{j} C_i W_i n_p$$

进一步推导得出由经费计算的样本量

$$n_p = \frac{C_T - C_0}{\sum_{i=1}^{j} C_i W_i}$$

其中，C_T 为总经费，C_0 为固定调查费用，C_a 为单位样本调查费用，i 为层的编号，j 为层的个数，C_i 为第 i 层的单位样本调查费用，W_i 为第 i 层的高标准农田建设项目总数占各层高标准农田建设项目总数的比例。由公式可确定样本量的上限，即经费所允许的最大样本量，为避免经费超支，n_p 结果要取整。

②由精度计算样本量。在高标准农田建设绩效评价的调研中，一般采用不放回抽样的方式，具体做法是：依次抽查各个高标准农田建设项目的真实绩效情况，将调研结果符合条件的计为 1，不符合条件的计为 0，然后汇总调研结果的均值，即得到绩效项目识别准确率。

由于调研总体的方差 σ 未知，需要开展预抽样，并用样本方差 S 替代。当利用样本标准差 S 估计总体标准差 σ 时，边际误差和总体均值的区间估计都以 t 分布的概率为依据进行的。t 分布是由一类相似的概率分布组成的分布族，某个特定的 t 分布依赖于"自由度"参数。在统计学上，样本均值经过标准化处理得到的随机变量服从自由度为 $n-1$ 的 t 分布，在不放回抽样时，总体均值的置信区间为

$$\left[\overline{X} - t_{a/2} \frac{S}{\sqrt{n}} \sqrt{\frac{N-n}{N-1}}, \ \overline{X} + t_{a/2} \frac{S}{\sqrt{n}} \sqrt{\frac{N-n}{N-1}} \right]$$

其中，$\overline{X}$ 为样本均值，S 为样本标准差，N 为调研区高标准农田建设项目总规模，n 为预抽样的样本量。由于 $1-\alpha$ 为置信系数，$t_{a/2}$ 则可以理解为在自由度为 $n-1$ 的 t 分布中，其上侧面积恰好等于 $\partial/2$。

令 $\Delta = t_{a/2} \frac{S}{\sqrt{n}} \sqrt{\frac{N-n}{N-n}}$，表示极限误差，即用样本均值估计总体均值时所允许的最大绝对误差，但总体 N 较大时，$\sqrt{\frac{N-n}{N-1}}$ 可近似为 $\sqrt{\frac{N-n}{N}}$

通过将极限误差公式两边平方，整理得到

$$n = \frac{N t_{\partial/2}^2 S^2}{N \Delta^2 + t_{\partial/2}^2 S^2}$$

由于临界值 $t_{\partial/2}^2$ 要查 t 分布表（自由度在 $n-1$）得到，在大样本的场合，t 分布与标准正态分布非常接近，因此本文中用正态分布表的临界值 $z_{\partial/2}^2$ 来代替 $t_{\partial/2}^2$，并将由精度计算的样本量计为 n_s，得到

$$n_s = \frac{N z_{\partial/2}^2 S^2}{N \Delta^2 + z_{\partial/2}^2 S^2}$$

其中，$z_{\partial/2}$ 可理解为标准正态概率分布右侧面积为 $\partial/2$ 时的 z 值。由上述公式可以看出，样本容量与极限误差成反比，当减少极限误差时，需要增大样本容量；与置信度及预抽样的样本标准差成正比，置信度越高，样本标准差越大，样本容量越大。结合预抽样的情况，本文主要从置信度和极限误差来综合反映抽样的精度，并依次计算置信度为 90%、95%、99%，极限误差在 3%、5% 时的样本量，但当计算结果带有小数时，样本容量 n_s 要取比这个数大的最小整数。

③最优化样本量。要确定调研的最优化样本 n_y，需要将经费和精度确定的样本量进行综合考虑：一是当经费计算的样本量小于或等于精度计算的样本量（$n_p \leqslant n_s$）时，须认真权衡经费与精度，若经费更重要，则选取 $n_y = n_p$，并重新估算在最大经费条件下样本量达到的精度；若精度更重要，则选取精度适中、经费最少的样本量。二是当经费计算的样本量大于精度计算的样本量（$n_p \geqslant n_s$）时，此时主要考虑精度，在不超出经费的情况下，选取最大精度的样本量 $n_y = n_s$。

由于高标准农田建设中计划采用的是分层抽样与系统抽样相结合的抽样设计，在确定最优化样本总量之后，需要根据调研的各个行政单元的高标准农田建设项目的数目进行分类计算，即得到每个层级的样本量。

$$n_{yi} = n_y \times W_i$$

其中，n_y 为最优样本总量，i 为层的编号，n_{yi} 表示第 i 层的最优样本量，W_i 为第 i 层的高标准农田建设项目总数占各层高标准农田建设项目总数的比例。

（2）具体抽样方法

①地貌分层抽样。首先，获取包含目标区域的遥感图像。其次，获取抽样对象与多条道路之间的地貌类型。然后，结合地貌类型确定抽样对象所属的自然环境。其中，地貌类型包括平原、丘陵、盆地、山地和高原，还可以根据遥感信息获取不同项目区的坡度、坡向等信息。最后，根据抽样对象所处的自然环境与已上图的高标准农田建设项目相重叠，确定不同类型的抽样对象。

②区域分层抽样。首先，通过以下公式确定各省抽样调查样本总量：

$$n = \frac{z^2 \hat{o}\ (1-\hat{o})}{e^2 + \dfrac{z^2 \hat{o}\ (1-\hat{o})}{N}}$$

其中，n 表示各省抽样调查样本总量；N 表示总体样本，根据各省建档立卡数据提取；$z=1.96$，表示置信度为 95% 的统计量；e 表示可接受的抽样误差范围，为 $\pm 1\%$；$\hat{o}=0.5$，表示样本变异程度。

其次，从各省范围内选取调查县。依据各省内不同的高标准农田分布地貌与面积，结合县域内高标准农田建设项目的数量规模，确定不同类型县选取比例和数量。然后，从调查县中选取重点抽样对象，即调查村。获取调查县内具有高标准农田项目的村域位置信息；结合地貌类型确定不同等级道路的车速；从距离各行政村 40 千米范围内的县道中，计算行政村到确定各县道的时间，选取最小的到达时间的道路作为最近道路。最后，从调查村中选取高标准农田建设项目区。在选取调查村后，根据已上图的高标准农田数据抽取调研。

③项目分层抽样。在抽取样本的时候，按照高标准农田建设项目的隶属关系或层次关系，分为两个或两个以上的阶段从总体中抽取样本的一种抽样方式。其具体操作过程：一是从全国高标准农田建设项目数量中，抽取部分省份作为第一阶段抽取的样本；二是从被抽中省份的所有市的高标准农田项目数量中，抽取部分县的部分高标准农田项目，作为第二阶段抽取的样本；三是从被抽中县的所有高标准农田项目中，抽取部分乡或者村镇作为第三阶段抽取的样本；四是从被抽中乡或者村镇的所含有的高标准农田项目中，抽取部分高标准农田的地块面积，进行调查，作为最基层阶段的样本。

5.3.3 工作机制设计

5.3.3.1 分工协作机制

（1）明确先协商后协调工作原则　在评估工作中对职责分工有异议的，由主办部门及时召集协办部门进行协商。其中，已明确工作牵头部门的，以牵头部门为协商工作的主办部门；未明确工作牵头部门的，以首先对职责分工提出异议且建议协商的部门为协商工作的主办部门。主办部门应当充分听取协办部门的意见，通过明晰任务分工、完善工作流程等方式，解决职责分工争议问题。协商达成一致意见的，由主办部门将协商工作纪要及有关文件依据报送至机构编制部门；协商未达成一致意见的，由主办部门及时向机构编制部门申请协调。

（2）建立机构协调工作流程　通过深入调查研究，充分听取意见，采取书面征求意见、召开协调会议等方式开展协调工作。评估组对"三定"规定理解不一致产生争议的职责分工协调事项，由机构部门以书面形式作出解释，明确具体职责归属。经协调，相关部门就职责争议事项达成一致意见的，由部门拟订书面协调意见，按程序报批；经协调仍未能达成一致意见的，部门应当及时对职责归属进行认定，或者对职责归属争议进行裁决，拟订书面意见，按程序报批。职责分工争议协调意见或者裁决意见经批准后，由部门发文明确，相关部门应当严格执行。对正式印发的职责分工意见，主办部门可以召集协办部门在工作流程和管理环节中进一步明确和细化。

（3）强化事后执行监督检查　按照管理权限，评估组适时对协商工作纪要的履行情况和协调后的职责分工执行情况进行监督检查和评估，必要时，会同纪检监察机关和其他有关部门进行监督检查。对"协商工作纪要改变法律法规、规范性文件、'三定'规定以及上级有关文件已经明确的职责分工"等违反本办法规定的多项情形，督促限期纠正。

5.3.3.2　质量控制机制

影响评估质量的风险点往往贯穿于高标准农田建设工作的全过程、各环节。为切实保障评估质量，防范评估风险，需要建立健全评估质量的全过程"分级控制"机制，消除影响"分级控制"作用发挥的因素。

（1）提前谋划准备，发挥"分级控制"作用　充分的评估时间对评估项目中发现的问题的认识和深化具有重要作用，评估现场的信息收集是逐步完善的，评估人员对问题的认识也是逐渐深化的。如果能够在开展现场评估前，提前收集信息、谋划评估项目现场安排，做好充分准备工作，为评估现场留足时间思考并获取有用信息，从而深化对问题的认识，更精准地对问题进行定性并收集相应证据，为评估组成员、评估组主审、评估组组长等级次的审计现场"分级控制"赢得时间，发挥"分级控制"作用。

（2）优化业务流程，强化过程质量管控　一是精心做好评估前谋划。在评估实施方案编制上，注重加大调查了解力度，全面评估被评估单位存在重要问题的可能性，为发现问题、深化对问题的认识夯实基础。二是切实抓好现场实施。结合评估项目特点和审计人员专业特长，合理搭配评估组成员，杜绝因胜任能力不足对评估质量产生重大影响；实行评估现场管理分级负责制，将评估质量细化到岗、落实到人。三是加大现场复核力度。确保依法规范实施评估，对评估工作底稿编制、评估证据获取、评估程序实施等关键环节的合法合规性进行审核，避免评估现场受审计时间、评估成果导向等原因的影响，变成实际的单级质量控制，对评估质量产生重大不良影响。

（3）实施跟踪审理，把好评估质量关口　一是法规评估关口前移。评估人员参与重点项目的统一评估方案、统一处理口径、统一法规定性的讨论和报告模板起草，对政策落实评估项目实施跟踪审理、现场审理，提高现场评估工作质效。二是实行集体会商制度。对重大、复杂、综合性问题，以集体会审、部门会商、专家咨询、会议审定方式，解决问题分歧争议，提升评估质量，规避评估风险。三是建立评估"退回"机制。对报送评估发现存在三类问题以上的评估项目资料退回评估组，再次完善、再次复核，形成倒逼机制，切实发挥评估质量控制体系中的评估作用，促进和提高评估工作质效，形成评估项目质量管理闭环链条。

5.3.4 评估模型方法

高标准农田建设绩效评价主要存在定性与定量两种形式的评价方法。定性评价法根据评价指标的划分，将评价对象进行简单分类或排序，不过这种评价方法受诸多主观因素和客观因素影响较大。随着绩效评价技术的发展，数学、经济学、运筹学和统计学等学科研究方法的引入，使评价指标体系不断趋于技术化，评价资料日趋量化，评价结果呈现出明显的数据化。这大大提高了评价过程和评价结果的科学性和客观性。在高标准农田建设绩效评价过程中，为客观公正地判断出项目绩效的实际情况，可以以定性分析为基础，以定量分析为手段，采用定性和定量分析相结合的方法，为改善高标准农田建设绩效评价提供重要的参考依据。

5.3.4.1 定性方法

高标准农田建设绩效评价的定性方法，是指以现有的文献资料或调查材料为依据，对高标准农田建设绩效运用演绎、归纳、比较、分类等方法，判断高标准农田建设绩效的实现程度。由于定性方法具有化繁为简、化难为易的特点，具有较强的直观性和通俗性，允许不依赖量化设计所必需的结构化数据检验这些复杂的现象，因此可通过更深入和更易感知的挖掘去发现项目绩效的内在状况。高标准农田建设绩效评价中常用的定性方法包括德尔菲法、360 度评价法、平衡计分卡法、FBN 认同度评价法等。

（1）德尔菲法 高标准农田建设绩效评价本身涉及建设项目、农业生产、经济发展等多个领域，项目本身的复杂性、目的多样性导致绩效评价相对复杂，需要通过咨询多个领域的相关专家，通过反复论证，使指标体系尽量做到客观公正、科学合理。

作为一种定性的方法，德尔菲法应用于绩效评价具有明显的优势和价值，其效用得到了各个领域研究者的普遍认同。德尔菲法是美国兰德公司于 1964 年发明并首先将其应用于预测分析的，是以古希腊城市德尔菲命名的规定程序专家评估方法。德尔菲法是一种群体决策行为，具有匿名性、反馈性和统计性的特点，建立在众多专家的专业知识、经验和主观判断能力基础上，又称专家咨询法，是一种多轮次的专家调查法。在具体的绩效评价过程中，它依据系统程序，采用专家发表意见的方式，通过多轮反馈，使得专家小组对某类问题的意见逐渐趋于集中，最后做出预测结论的一种主观预测方法。具体过程：首先成立专家小组，向所有专家提出将要征询的问题，并且要求专家采用匿名方式发表各自的意见；然后通过调查人员或协调员把第一轮征询过程中专家各自的意见集中起来并归纳后反馈给各个专家，再进行第二轮、第三轮或第四轮意见征询，直到专家意见趋于集中，形成专家基本一致的看法，作为预测的结果。德尔菲法既充分发挥各位专家的作用，集思广益，准确性高，又把各位专家之间的不同意见表达出来，取各家之长，避各家之短。因此，这种方法具有广泛的代表性，较为可靠，是高标准农田建设绩效评价活动中的一项重要工具。

（2）360 度评价法　360 度评价法是 20 世纪 80 年代产生的一种绩效评价方法，也称"全方位评价法"，最早是由英特尔公司提出并加以实施运用，由美国 Edwards 和 Ewen 等学者在一些企业组织中不断研究发展而成。它是指由员工自己、上司、同事甚至顾客等全方位的各个角度来了解个人的绩效，是一种多角度进行的比较全面的绩效评价方法。在高标准农田建设绩效评价中，为了全方位覆盖考核内容，更好地解决信息不对称的问题，可以采用 360 度评价法。高标准农田建设绩效 360 度评价法与企业组织绩效评价的区别主要体现为评价主体更加多元化，其评价主体主要包括评价对象本身、中介组织、综合评价组织和社会公众。通过全面系统的评价，不仅了解了社会公众对高标准农田建设绩效评价，也能在自我评价的基础上形成正确、客观的认识。在实践中，360 度评价法更加有助于凝聚各方的力量，促进项目各方的合作互动，发现、解决问题，促使高标准农田建设向良性发展。该方法既体现出公共部门公共服务、社会参与的性质，同时避免了绩效管理过程中绩效评价结果带来的不正当竞争。

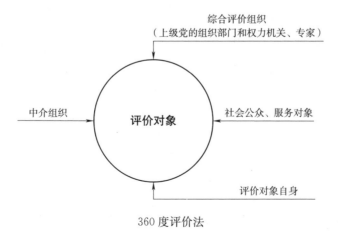

360 度评价法

（3）平衡计分卡法　平衡计分卡（Balanced score card，BSC）是由美国著名的管理大师罗伯特·卡普兰和国际咨询企业总裁戴维·诺顿提出的战略管理业绩评价工具。它的思想是：要求在制定企业战略发展指标时，综合考虑企业发展过程中的财务指标和一系列非财务指标的平衡，不能只关注企业的财务指标。它以信息为基础，系统考虑企业业绩驱动因素，多维度平衡评价的一种新型的企业业绩评价系统。同时，它又是一种将企业战略目标与企业业绩驱动因素相结合，动态实施企业战略的战略管理系统。

平衡计分卡作为一种突破传统评价内容的绩效评价工具，目前已在许多公共部门得到广泛采纳与使用。平衡计分卡强调从财务和非财务的角度综合评价绩效，平衡计分卡法的四个评价维度（财务、顾客、内部业务、学习与成长）之间存在内在的逻辑关系和因果关系。财务指标有利于控制财政支出，是政府部门一切发展的基础。顾客指标是政府部门管理的最终目标，根据社会的发展要求和社会公众的需要，提供优质的公共产品和公共服务，已经成为公共部门最重要的职能。内部业务指标是刺激部门自身发展的动力，良好有序的内部管理运行流程是保证公共部门绩效水平优良的关键。学习和成长指标则体现了一个组织自我革新和发展目标实现的功能。

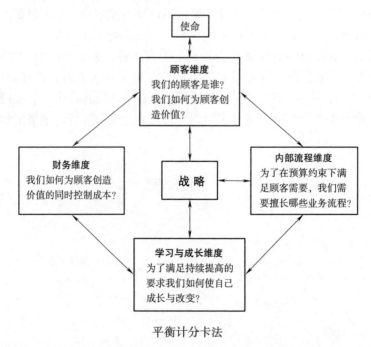

平衡计分卡法

平衡计分卡法应用于高标准农田建设绩效评价，将促进高标准农田建设项目相关部门的学习和发展。一方面，平衡计分卡明确了组织的战略和使命，规范了组织内部运行机制，建立了科学的绩效评价层面和指标，并将这几个方面有效结合，因而，使用这一新型管理模式本身就是一个学习的过程。另一方面，平衡计分卡是目标管理和过程管理的结合体，它的各层面之间形成了一种循环的反馈系统，组织内部无论是管理层还是基层员工，都可以对照每一层级的目标检验自身的工作绩效，随时不断学习和改进自身行为，保证高标准农田建设项目各项战略目标的顺利实现。

（4）FBN 认同度评价法　　FBN 认同度评价法是在借鉴第四代评价合理内核的基础上，由范柏乃教授提出的一种基于认同度的公共部门绩效评价新方法。该方法以范柏乃教授名字汉语拼音（Fan bo nai）的首个字母命名，称为FBN 认同度评价法。FBN 认同度评估法的核心思想包含以下三个要点：一是响应式聚焦；二是评估客体的自我建构；三是利益相关者的认同度判断。该方法指针对由评价小组、上级领导、同行、行政相关人员和项目受益方等多个利益相关主体确定的评价指标，以评价客体的自我评价为基础，由他评主体（利益相关主体）对评价客体的自我评价结果进行认同度判断。评价客体的绩效综合评分等于评价客体的自我评价结果、他评主体的认同度以及他评主体重要程度的加权平均得分。在 FBN 认同度评价中，他评主体不再直接对评价客体的绩效进行评价，而是对评价客体的自评结果进行评价；评价客体的绩效得分不再是自评得分与他评得分的简单加权，而是自评得分与他评主体认同度乘积的加权。具体程序步骤如下图所示：

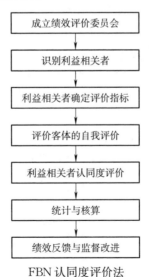

FBN 认同度评价法

在公共部门的绩效评价中，FBN 认同度评价法把多元利益相关者作为输入因素投入到评价过程，是一种全方位、民主化的评价，凸显了公共部门与社会公众的合作、对话、协商精神。此外，FBN 认同度评价法以评价客体的自我评价为前提，是对评价客体自评结果的认同度判断。评价客体不再只是被动地接受检查和评判，而是积极参与其中，能够表达自己真实的感受，凸显了评价客体在评价过程中的主体性、参与性和能动性。客体自评分的高低将影响他评主体认同度判断的结果，而他评主体的认同度判断又会反过来对原始自我评价结果进行调节。FBN 认同度评价能够建立自评与他评的相互联系，通过他评主体的认同度判断形成对评价客体自我建构的震慑作用，实现对评价客体自评的潜在制约，迫使评价客体客观地自我评价。在 FBN 认同度评价中，评价客体的自我评价不仅要给出自评分，还要提供相关的绩效信息作为评价依据。而他评主体的认同度判断能够迫使评价客体客观地进行自我评价，提供丰富翔实的绩效信息。自评信息在他评主体中的公开和传递，不仅能在一定程度上缓解利益相关者的主张、焦虑和争议，还能保障他评主体获取更充分的评价信息，最大限度地掌握评价客体的绩效水平，从而有效地减少公共部门绩效评价中的信息不对称，保障绩效评价结果的可靠性和客观性。

5.3.4.2　定量方法

高标准农田建设绩效评价的定量方法，是指利用科学的调查方法获得的信息和统计资料，通过客观和准确的计量或度量，得出客观、合理的评价结果的评价方法。这种方法强调过程中的可操作性和技术性，需要运用数学模型、概率统计、网络规划等技术方法分析评价数据，进而得出定量化的评价结论。其最明显的特征就是采用先进的科学技术方法，用数字来描述并进行评价。高标准农田建设绩效评价中常用的定量方法，包括层次分析法、公众满意度评价法、数据包络分析法、主成分分析法、标杆管理法等。

（1）层次分析法　20 世纪 70 年代，美国著名运筹学家 A. L. Saaty（1971）在第一届国际数学建模会议上发表了"无结构决策问题的建模——层次分析法"，首次提出了成分分析（Analytic hierarchy process，AHP）。层次分析法是对定性问题进行定量分析的一种简便、灵活而又实用的多准则决策方法。这一方法的基本原理是将决策者的经验判断给予量化，从而为决策者提供定量形式的决策依据，在被评价系统结构复杂且缺乏必要数据的情况下更为实用，是一种定量与定性相结合的分析方法。

层次分析法将复杂问题分解为多个组成因素，并将这些因素按支配关系进一步分解，按目标层、准则层、指标层排列起来，形成一个多目标、多层次的模型和有序的递阶层次结构。层次分析法的基本思想是按照评价指标体系内在的逻辑关系，以评价指标（因素）为代表构成一个有序的层次结构，然后针对每一层的指标（或某一指标域），运用专家的知识、经验、信息和价值观，对同一层或同一域的指标进行两两比较，确定层次中诸因素的相对重要性，并按规定的标度值构造比较判断矩阵；再由组织者计算比较判断矩阵的最大特征根，解出特征方程，从而确定评价指标相对重要性的总排序得出单层权重子集。再利用一致性指标和一致性比率<0.1及随机一致性指标的数值表，对判断矩阵进行检验。层次分析法可以用来确定高标准农田建设绩效评价指标权重。

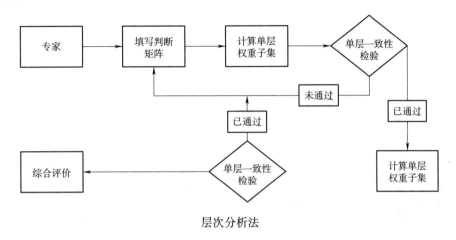

层次分析法

虽然一般而言，层次分析法的分析研究过程仅针对只有一位专家进行判断后，对得到的判断矩阵进行处理的简单情况，但在实际工作中，往往需要多位人员参与，此时可以用算术平均法将各人员确定的权重综合平均。层次分析法解决问题的精度依赖于参与决策者的专业水平及实践经验。层次分析方法在评价过程中，对各项指标进行两两比较确定指标权重时，人的主观性影响较大，导致评价指标权重具有一定的主观性和随机性，又由于指标权重值准确与否直接关系到评价结果的真实性，同时，层次分析法要求的定量数据较少，使得整个分析结果定性分析较多不容易获得他人的认可，所以一般层次分析法常与其他方法一起使用。

（2）公众满意度评价法　高标准农田建设项目属于政府公共项目，应尽可能地追求社会福利最大化，让尽可能多的农村居民享受社会发展的成果。农村居民满意度是高标准农田建设绩效评价考核的核心标准。因此，高标准农田建设绩效评价一般都会导入农村居民满意度评价法，通过采用问卷调查或访谈的方式调查农村居民对高标准农田建设项目各环节效果的满意度，发现存在的问题，不断提高农业重点项目建设的水平和公共服务的质量。

进行农村居民满意度评价主要有以下几方面的意义：①通过村民满意度定量评价高标准农田建设项目各环节的效果与质量，从结果与过程两个方面保证评价的全面性；②高标准农田建设项目相关部门可以获取更加完全和真实的农村居民的需求信息，并及时找出项目建设过程中存在的问题，总结经验教训，提升项目建设的质量与水平；③通过农村居民满意度评价反馈制度提升高标准农田建设项目相关部门的责任感，提高项目管理体系的开放性和回应性；④农村居民满意度评价是参与式管理的重要形式之一，集中体现了社会主义民主政治，因为衡量一个国家的农村民主状况最主要的标准之一是农村村民是否有权获得公共领域的资源，并能够直接参与公共资源管理的过程。

农村居民满意度评价可参考顾客满意度指数评价的方法。顾客满意度指数（Customer satisfaction index，CSI）理论是 20 世纪 90 年代管理科学领域的重要发展之一，它是对各种类型和各个层次具有代表性的顾客满意度的综合评价指数，它以各类产品和服务的消费及其过程为基础，反映社会经济产出和运行情况的一种全新的质量指标。在编制顾客满意度指数时需要运用社会学、心理学、统计学、消费者行为学等多学科的基本原理与方法设计逻辑模型，并通过偏最小二乘法等算法估计模型参数。目前，国际上使用较广泛的顾客满意度指数主要有美国顾客满意度指数（ACSI 模型）、欧洲顾客满意度指数（ECSI）、韩国顾客满意度指数（KCSI）等，中国顾客满意度指数（CCSI）也已经投入使用。一般而言，实施公共部门公众满意度评价，大致从前期准备、实施评价以及结果处理与反馈三个阶段进行。

（3）数据包络分析法　数据包络分析法（DEA）是由著名运筹学家 Chames 和 Cooper 等于 1978 年提出的，是一种面板数据的非参数估计方法，用于测评组具有多种投入和多种产出的决策单元，是指使用数学规划模型比较决策单元之间的相对效率和相对效益，从而对决策单元的绩效作出评价。其特点是在评价模型中，不仅有有形的指标，如金额、面积，同时也包括无形的指标，如感受程度、体验等，但无论何种指标，都无须用特定的函数形式来表示投入与产出的相互关系，都不需要定夺权重系数，而是将测定对象与其邻近的"比较组"中的样本作比较来测定效率，从而能充分地考虑对于决策单元本身最优的投入产出方案，对决策单元的绩效做出评价，更为理想地反映评价对象自身的信息和特点，是处理多目标决策问题的好方法。

数据包络分析法的基本思路是把每一个被评价单位作为一个决策单元，再由众多决策单元构成被评价群体，通过对投入和产出比率的综合分析，以决策单元的各个投入和产出指标的权重为变量进行评价运算，确定有效生产前沿面，并根据各决策单元与有效生产前沿面的距离状况，确定各决策单元是否有效于数据包络方法，同时还可用投影方法指出数据包络方法有效于决策单元的原因及应改进的方向和程度。

在高标准农田建设绩效评价方面，数据包络分析法可算作是一种新的"统计"方法。与传统的统计方法不同的是，数据包络法是从样本数据中分析出样本集合中处于相对最优情况的样本个体，其本质是个体最优性。而且数据包络分析法是致力于将有效样本与非有效样本分离的"边界"方法，克服了错用生产函数的风险及平均性的缺陷。其具体运用流程如下图所示：

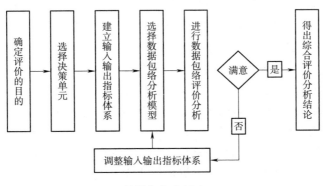

数据包络分析法

（4）主成分分析法　主成分分析法（Principal component analysis）是指将多个变量通过线性变换，以选出较少个数重要变量的一种多元统计分析方法。主成分分析法基于降维的思想，利用计算的正交变换的方式，将大量可能具有相关性的评价指标转变成几个相关性较小的指标，转变后的指标就叫作评价指标的主成分，能够在很大程度上代表之前所选取的大量指标。项目绩效评价往往会涉及众多有关变量，每个变量都在不同程度上反映该项目的某些信息。变量太多不但会增加计算的复杂性，而且会给合理分析问题和解决问题带来困难。变量间的相关性使得这些变量所提供的信息在一定程度上有所重叠。因此，主成分分析法就是在力保数据信息丢失最少的原则下，对高维变量空间进行降维处理，即用较少的变量来代替原来较多的变量，使得这些新变量两两不相关，而且这些新变量在反映信息方面尽可能保持原有的信息，通过对新变量的分析达到解决问题的目的。

当运用主成分分析法进行高标准农田建设绩效评价时，首先选取原始指标并进行数据标准化处理，进而选出原始指标中具有代表性的主成分指标并计算出各主成分的贡献率，选择贡献率最大的一个或几个主成分，再利用合适的实证模型对高标准农田建设项目投入与产出关系进行分析。在选择高标准农田建设绩效指标时，考虑到高标准农田建设项目投入与产出的复杂性，可选指标繁多。因为单一指标很难反映出地方高标准农田建设项目投入的方向及数量，且产出指标之间存在相关性，选较多指标又会在一定程度上造成分析结论的不准确。因此，在选择高标准农田建设绩效评价指标时应考虑所选择指标的代表性。主成分分析法可以简化这些不同层次指标的权重确定，从而得到最关键的主成分因子，结合适用的评价模型来测定。在进行高标准农田建设绩效评价时，主成分分析法的设计指标数据较容易获得，但指标设计较为主观，会影响测算结果的科学性。而且，主成分分析法只是对指标进行优化处理，没有配套的测算模型、软件或方法。

（5）标杆管理法　标杆管理法是1979年美国施乐公司首创的一种新型经营管理理念和方法，最早应用于企业管理中，与企业再造、战略联盟一起并称为20世纪90年代三大管理办法。它是指企业以行业内外一流的领袖型企业为标杆，从组织机构、管理机制、业绩指标等方面进行对比评析，在对外横向沟通、明确绩效差异形成原因的基础上，提取本企业的关键绩效指标，制定提升绩效的策略和措施，在对内纵向沟通、员工达成共识的前提下，定性与定量相结合，通过持续改进追赶和超越标杆，最终达到提升企业绩效水平的目的。标杆管理的实质是一个不断认识和引进最佳实践，学习他人，改进自己，增强企业的竞争力，以提高组织绩效的过程。标杆管理法一般包括四个基本步骤：确定标杆管理的目的、时间和内容，找出关键绩效指标；分析当前的计划和绩效，确定绩效管理"标杆"；优化关键绩效指标（获得数据并分析差距，确认最佳实践和最有用的改进，并将这些改进付诸实践）；实现绩效超越目标。标杆管理是一个持续的管理过程，不是一次性行为。为便于标杆管理法在高标准农田建设项目绩效评价整个过程中发挥重要作用，项目相关工作人员需维护好标杆管理数据库，制定和实施持续的绩效改进计划。标杆管理法的通用性很强。

标杆管理法虽然是当代政府财政投资项目进行绩效评价时所运用的一种较为先进的方法，在国外实践中也得到广泛运用，但仍存在一定的局限性。首先，标杆管理法指标的确定虽然比较灵活、全面，但随意性较强，易导致指标体系的繁杂，使评价成本加大，同时要求评估人员有较高的素质。其次，该方法毕竟源于企业的绩效管理，在引入政府财政投资项目绩效评价后，仍摆脱不了对管理主义的强调，片面追求组织绩效。而对于高标准农田建设项目来说，组织绩效并不是唯一追求的目标，该方法忽略了对社会效益等目标的考虑。部分高标准农田建设项目也负责承担很多无明显绩效的公共物品的提供任务，因此，在这种情况下，运用标杆管理法进行绩效评价，容易使部分高标准农田建设项目忽视其公共性本质，使其公共性受损。

6 基于工程量的高标准农田建设绩效评价

根据高标准农田建设项目绩效评价要求，工程量指标为绩效目标产出指标的重要组成部分，主要反映高标准农田建设项目绩效目标实现的数量水平，通过评价项目完成的工程数量情况，来评定高标准农田建设项目实施效果，具体评价内容包括工程总量、工程数量完成率等内容。目前高标准农田建设项目绩效目标工程量指标的评价以实地查看、统计上报方式为主，为了更好地推进高标准农田建设项目绩效考核工作，科学判断高标准农田建设项目实施效果，量化高标准农田建设项目产出数量水平，需要深入开展高标准农田建设项目绩效目标工程量指标评估方法与技术流程制定优化工作，为加强高标准农田建设项目绩效管理、提升项目绩效、优化资源配置提供支撑。

6.1 工程量绩效评价理论分析

（1）公共经济理论在工程量评价中的应用 公共经济理论是研究公共预算管理中出现的经济政策问题，其在高标准农田建设项目绩效评价中的应用体现在"结果导向预算"上：在微观层面的项目评价过程中，重点考察项目完工后发挥的作用对预设目标的实现程度及各种事前制定的计划的执行成功度；在宏观层面的总体评价中，重点考察农业领域产出指标的变化。通过重视结果考察，客观反映农业重点建设项目的绩效水平[63]。

（2）新公共管理理论在工程量评价中的应用 新公共管理理论在高标准农田建设项目绩效评价中的应用主要体现在以项目的产出和效果为导向，以提供的公共产品的数量和质量作为衡量绩效的量化标准。对此，应在评价体系中重点考察建设项目的效果及其可持续性，从而同时从数量和质量两个维度对项目绩效进行考察。将任务完成情况、工程实际能力达产率、项目建设方案满足实际需求程度、项目所在地政府及相关人员对项目的意愿等内容纳入评价指标体系，对财政支出项目实现"企业化管理"，进而有利于政府管理者根据绩效评价结果，对财政政策和行为的可行性和合理性做出理性判断。

（3）系统论在工程量评价中的应用　系统论在高标准农田建设项目绩效评价中的应用主要体现两方面：一是在建设绩效评价体系构建中体现出层次性和相关性。不能单独评价某一方面的绩效水平，而应采用分层评价的思路多维度分析系统绩效，在评价过程中要重视绩效评价和被评价者之间的信息沟通[64]。二是在建设项目绩效评价体系构建中体现出动态性。农业重点建设项目绩效评价体系也应兼容必要的动态调整，对建设绩效目标与优先顺序进行调整，使项目绩效评价处于动态平衡状态。

6.2　指标评价内容体系

6.2.1　逻辑溯源

国外学者认为，绩效评价指标体系的逻辑关系通常采用"投入—产出—结果"链展开研究。国内学术界普遍接受的、常见的逻辑关系同样是按建设项目的输入、输出过程进行研究，但横向划分为"投入—过程—产出—效果"四个评价维度[65]。也有学者提出从项目的规模、结构及效果三个逻辑关系来设立绩效评价指标体系，或者从经济性、效率性、效果性三个逻辑关系构建出绩效评价指标体系。此外，部分学者提出绩效评价指标体系的构建思路可以按照价值—目的—目标—标准和指标的逻辑推演思路，这种绩效评价指标体系的构建逻辑思路类似于目标分解法。

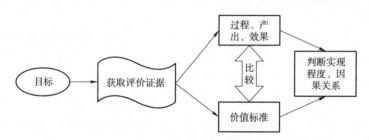

绩效目标评价指标体系逻辑关系

6.2.2　评价内容

绩效目标工程量指标评价不仅是对工程完成数量的度量，还包括规划批复变更情况、工程投资情况、工程进度情况、工程质量情况、工程效益和对项目的贡献度情况，是对项目区就工程量方面的整体性、全面性的综合评价，是对照前期规划设计工程措施的整体检验，是对工程措施决策的评价和反馈。绩效目标工程量指标评价也要贯穿高标准农田建设项目全生命周期，构建"决策—

过程—产出—效益"四个维度的评价内容体系，体现经济、效率、效益与公平
四个方面。

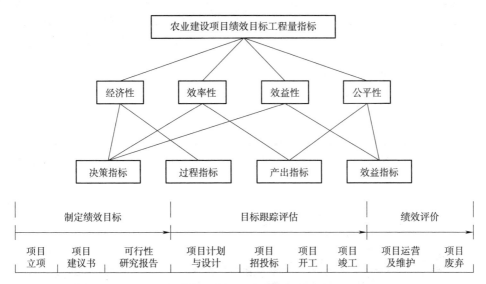

项目绩效目标工程量指标评价阶段

6.2.3　指标体系

针对农业重点建设项目绩效目标工程量特点，从决策、过程、产出和效果
四个方面建立农业重点建设项目绩效目标工程量指标评价内容体系，如下表
所示：

农业重点建设项目绩效目标工程量指标评价内容体系

决策	项目规划设计工程量是否符合规范、标准要求
	项目工程量单位投资标准是否符合要求
	项目工程量资金到位率、及时率
过程	工程开工率
	工程施工管理制度是否规范、健全
	工程开展是否及时
	工程资金使用是否符合规范
产出	工程实际完成率
	工程完成及时率
	工程质量达标率
	工程成本节约率

（续）

效果	工程对项目效益的贡献率
	工程利用可持续性

6.3 技术方法方案

6.3.1 总体方案设计

立足高标准农田建设项目绩效目标工程量指标评价理论分析和评价实际内容要求，设计高标准农田建设项目绩效目标工程量指标评价总体方案流程如下图所示：

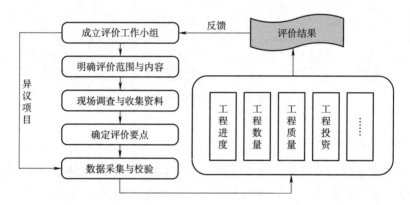

高标准农田建设项目绩效目标工程量指标评价总体方案流程

6.3.2 具体评估方法

高标准农田建设项目涉及的工程量一般不仅仅是单一工程，可能是多种类型工程、多种施工规格要求，所以在评价方法的选择上越简单越便于评价，不宜采用较为复杂的数理模型开展评价：一是目标比较法。对建设后的实际完成工程量与预计工程量目标进行比较，分析预计目标的完成程度。二是专家评议法。邀请相关领域的专家，对专业性强、难以直接量化的指标进行评议。如工程量对项目的贡献率、工程投资产生的效益等。三是问卷调查法。针对与项目区利益相关方有关的事项，通过问卷调查，对调查结果进行统计、分析和评定。如工程使用便捷度、社会影响等。四是资料查阅法。通过查阅项目建设管理和后期利用的有关资料，包括规划设计文件、建设管理文件、施工检验资料和当地统计资料等，获取有关工程量评价指标的数据。五是现场调查法。通过现场检查、量测和检验等方法，对工程数量和质量等进行复核性评价。六是抽样调查法。从评价对象的全部项目中，抽取一部分项目进行考察和分析，并用这部分项目的数量特征去推断全部项目的数量特征。其中，评价对象的全部称为"总体"；从总体中抽取出来进行评价的部分构成群体的"样本"。本办法适用于项目区工程数量较多项目的评价，抽样样本应包含不同类型的工程内容[66]。

6.4 工程量绩效评价方法

6.4.1 基于实地核查开展工程量评估

实地走访查看项目区农业基础设施建设情况，查看工程量建设进度和完工情况，主要包括数量和质量情况。通过填写高标准农田建设项目现场调查表，来评价比较项目区工程进度、数量情况、检查质量情况等。具体设计为以下三种示范样表：

（1）样表一 主要从工程质量、耕地质量、建后管护三个方面切入。

样表一 基于实地核查开展工程量评估

省份	海南省 琼海 市		项目名称	海南省琼海市 2019 年黄典洋、仙塘洋、石桥洋、江湖洋高标准农田建设项目		
建设年度	2019 年		拟建高标准农田面积	4 000 亩	项目资金	1 000 万元
	建设周期 2019—2020 年					
建设进展	□未开工	☑已开工（开工时间 2020 年 5 月 28 日）	☑在建，在建面积 4 000 亩	□已竣工		□已验收
		具体工程量	工程完成度评分	工程质量评分	存在问题	备注
工程质量	土地平整工程					
	灌溉与排水工程	12 条 7 186 米	100%	100		已开工
	田间道路工程	6 条 4 408 米	80%	100		已开工
	农田防护与生态环境保持工程					
	农田输配电工程					
	其他					
耕地质量	土壤改良					
	培肥地力					
	保水保肥					
	控污修复					
	其他					

（续）

			具体工程量	工程完成度评分	工程质量评分	存在问题	备注
建后管护		落实管护主体	☑是　□否		管护主体为　大路镇政府		
		明确管护责任	☑是　□否				
		落实管护经费	☑是　□否		管护经费为　10 万元		
		落实管护补助资金	☑是　□否		管护补助资金为　82 万元		
	其他需说明的问题		管护补助资金 82 万元，为 2019 年度总资金				
填表人：　　　　　　　组长：　　　　　　　现场调查时间：							

（2）样表二　主要从前期设计、实施阶段、竣工验收、管护利用四个方面切入。

样表二　基于实地核查开展工程量评估

省　份		____省____市____县				项目名称			
建设年度（立项年度）		年	建设周期	拟建高标准农田面积	亩	建成高标准农田面积	亩	项目资金	万元
建设进展		□未开工	□已开工	□在建，在建面积_____		□已竣工，竣工日期_____		□已验收，验收日期_____	

评价指标		评价标准	评价情况		评价详情
项目质量	前期设计	（1）项目立项是否合规	□是	□否	
		（2）项目是否符合高标准农田建设有关规划且纳入各级储备库	□是	□否	
		（3）项目批复文件是否符合要求	□是	□否	
		（4）项目初步设计是否符合相关标准规定	□是	□否	
		（5）是否有专家审查意见	□是	□否	
	实施阶段	（1）是否按要求执行法人制、招投标制、监理制、合同制、公告制	□是	□否	1. 项目实际建设标准为_____元/亩 2. 新技术、新材料、新工艺等使用情况
		（2）项目资金管理与筹措是否符合文件规定	□是	□否	
		（3）资金是否及时拨付到位	□是	□否	
		（4）项目建设标准是否达到 1 500 元/亩	□是	□否	
		（5）项目工程进度计划是否合理，施工中有无工程质量和安全事故发生	□是	□否	
		（6）是否积极使用新技术、新材料、新工艺、新设备	□是	□否	
		（7）项目建设内容和标准是否符合项目规划设计、施工组织设计、管理制度、合同执行、档案管理等方面的要求	□是	□否	

（续）

评价指标		评价标准	评价情况		评价详情
项目质量	竣工验收	（1）是否在半年内完成验收工作	☐是	☐否	项目核定新增耕地面积
		（2）项目验收程序是否合规、验收结论是否正确、遗留问题有无处理	☐是	☐否	
		（3）是否完成上图入库	☐是	☐否	
		（4）是否开展新增耕地核定工作，有无新增耕地	☐是	☐否	
		（5）是否开展竣工后耕地质量专项调查评价	☐是	☐否	
	管护利用	（1）是否签订管护协议	☐是	☐否	省级管护补助资金
		（2）是否足额落实管护资金	☐是	☐否	管护资金标准
		（3）是否明确管护责任主体	☐是	☐否	管护责任主体
		（4）是否建立管护制度	☐是	☐否	管护制度
		（5）各项工程保持情况、运行状况	☐良好	☐存在问题	工程设施运行情况

（3）样表三　主要从现场核查具体工程量、工程完成度、工程质量三个方面切入。

样表三　基于实地核查开展工程量评估

		现场核查具体工程量	工程完成度评分（100分）	工程质量评分（100分）	存在问题简述
工程质量	土地平整工程				
	土壤改良工程				
	灌溉排水工程				
	田间道路工程				
	农田防护与生态环境保持工程				
	农田输配电工程				
	其　他				
耕地质量	改良土壤				
	培肥地力				
	保水保肥				
	控污修复				
	其他				
其他需说明的问题					

(续)

填表人：　　　　　　　　　　组长复核签字：

填表说明：1. 所有评价情况为否的指标，均需在评价详情中详细说明具体事实情况，并依据评价办法在评价详情中标明具体扣分情况；2. "工程质量评分"和"工程进展评分"每一指标均以100分制进行打分。

6.4.2　基于信息平台对比开展工程量评价

将竣工验收数据和规划设计数据在系统平台下载后，核查对比工程建设数量、变更情况和投资情况。将规划设计工程量表和竣工验收复核表进行对比分析。具体设计为以下示范样表：

项目名称	工程数量		
	单位	计划数	竣工数
合　　计			
农田建设	万亩		
（一）水利措施			
1.灌溉渠道工程	千米		
2.渠系建筑物工程	座		
3.灌溉节水工程	万亩		
4.其他水利措施			
（二）农业措施			
1.砂砾石路	千米		
2.涵管	米		
（三）林业措施			
（四）农业科技推广措施			
（五）其他			

6.4.3　基于遥感监测开展工程量评价

应用遥感技术开展农田建设重点项目工程量核查评价，在实施建设阶段，将任务分解到工程量、工程量落实到设计图、设计图落实到地块，构建遥感监测工程建设各个阶段的技术方法。根据项目目标和任务，依据相应的技术规范，制定高标准农田建设项目不同阶段遥感监测核查评价技术流程，如下图所示：

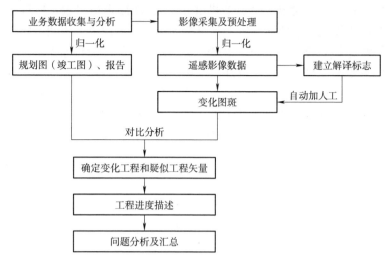

遥感监测核查评价流程

6.5 案例研究：工程量绩效评价

6.5.1 调查总体情况

根据"十二五"清查评估结果和全国农田建设综合监测监管平台项目管理数据，此次调查随机选择了宿州市灵璧县、亳州市谯城区，主要考虑是两县（区）高标准农田建设规模处于安徽省中等偏上水平，均为粮食生产大县，地势较为平坦，交通比较便捷，在项目质量建设管理方面具有一定的代表性。其中，重点调查灵璧县，将谯城区作为参照对象。

宿州市灵璧县位于淮北平原，耕地面积181万亩。全县地势低平，平原面积占总面积的89.6％，黄泛冲积土层较厚、土壤肥沃，适宜于机械化生产，农作物耕收种机械化率达90％。全县耕地面积181万亩，盛产小麦、玉米、花生、大豆等，是全国重要的商品粮基地、粮食生产百强县。亳州市谯城区距灵璧县约200公里，自然条件与灵璧相近，调查项目区基本处于平原地貌。

调查充分利用高标准农田建设项目移动巡查 App、无人机摄像核查等现代信息技术，结合实地勘察、群众访谈等方式，重点调查了农田机井、田间灌溉设施、沟渠、桥涵和田间道路等工程设施的建设质量、后期管护、运行利用等情况，共随机抽查了高标准农田建设项目25个，包括灵璧县20个、谯城区5个，其中，2011—2018年五部门分别组织实施的高标准农田建设项目17个（宿州市14个、亳州市3个），2019年以来农业农村部门组织实施的高标准农田建设项目 8 个（宿州市 6 个、亳州市 2 个）。从调查情况看，经过多年实施高标准农田建设项目，两县（区）农田基础设施明显改善，田间道路、桥涵等为农机作业提供了较好的条件，沟渠、农用井基本能保障排灌需求，建成的高标准农田主要用于粮食生产，较好地发挥了粮食主产区作用，为保障国家粮食安全提供了积极支撑。2019 年农业农村部门统一组织实施高标准农田建设以来，项目管理进一步规范，通过无人机拍摄灵璧县尹集镇 2019 年度高标准农田建设项目，与项目设计图进行对比分析，该项目建设内容基本能与项目设计保持一致。但是，也发现很多问题和不足。

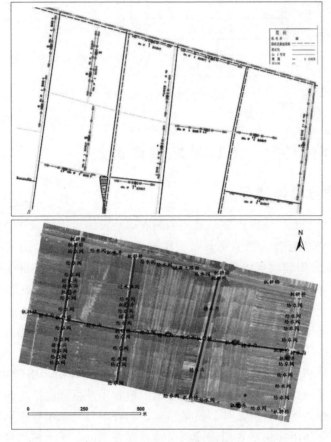

项目规划设计及建设情况

6.5.2 存在的主要问题

（1）建后管护工作不到位　重建轻管现象普遍存在，管护责任落实不到位，建成的设施无人管。特别 2018 年以前建成的项目桥涵、沟渠、田间道路等田间基础设施损毁比较严重。在调查的 2013 年灵璧县朱集乡朱集村等 3 个村小农水重点县项目的项目区，7 座已建成的桥涵只有 1 座基本保持原貌，有 6 座存在护栏断裂。2014 年灵璧县冯庙镇沟涯村等 3 个村高标准农田建设项目田间道路损坏严重。2015 年灵璧县杨疃镇杨疃村等 4 个村小农水重点县项目排水渠垃圾堵塞现象。安徽省新增 1 000 亿斤粮食生产能力规划 2016 年灵璧县田间工程项目机井未设井盖，破损严重，存在安全隐患。

护栏断裂　　　　　　　　　　　　机井破损

排水渠堵塞　　　　　　　　　　　道路损毁

存在的主要问题

（2）前期设计不规范　实地调查所到项目区，同群众交流了解到，部分项目规划设计采用以往的传统模式生搬硬套，规划设计不够合理，与项目区实地所需不能做到完全相符。例如灵璧县娄庄镇、黄湾镇 2019 年度高标准农田建设项目田间道路的设计未能完全满足项目区群众需求，急需解决的田间道路在本项目中未能实施。2021 年灵璧县游集镇辉煌家庭农场高标准农田建设项目一侧紧邻大片耕地，但在项目规划设计中并未纳入，只选取了 300 亩开展高标准农田建设，没有形成集中连片。实地调研的项目区，田间道路设计不规范，出现断头路。

2021 年灵璧县游集镇辉煌家庭农场高标准农田建设项目

2013 年灵璧县娄庄镇大山村等 5 个村高标准
基本农田（稍加改造）建设项目

（3）建设质量不高　在实地踏勘中，2020 年灵璧县渔沟镇高标准农田建设项目新建项目并没有充分考虑实际情况，在排水沟施工过程中，没有考虑到防护林的立地条件，紧贴防护林挖掘，未对坡面进行压实处理，造成部分防护林倾倒，根部裸露、破损，经过雨水冲刷，不仅会造成水土流失，还会破坏防护林体系。

2020 年灵璧县渔沟镇高标准农田建设项目排水沟

灵璧县杨疃镇杨疃村等 4 个村小农水重点县项目道路整体砂石含量较低，路面平整度有待提高，雨后道路泥泞，部分道路破损较严重，造成农户使用不便。此外，一些项目在同一项目区中，部分道路有硬化，其他为土路，且路面不平整，行车经过较为颠簸，建设质量标准有待提高。

灵璧县杨疃镇杨疃村等 4 个村小农水重点县项目道路

（4）项目区建设面积重叠　在实地查看项目区的过程中，通过移动巡查 App 中项目区信息对比发现，灵璧县 2016 年小型农田水利项目与安徽省新增 1 000 亿斤粮食生产能力规划 2015 年灵璧县田间工程建设项目存在重叠的问题，无法确定是上图入库范围信息不准确，还是重复建设造成面积重叠。

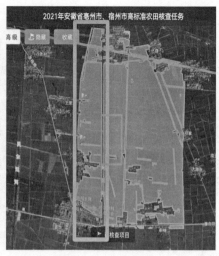

2015 年灵璧县田间工程建设项目上图信息

（5）上图入库信息不准确　实地调查灵璧县尹集镇 2019 年度高标准农田建设项目，发现目前的上图入库信息中，项目区包含河流和部分房屋建筑面积，上图信息不准确。

灵璧县尹集镇 2019 年度高标准农田建设项目上图信息

（6）项目实施管理不规范　实地抽查的项目区中，"十二五"以来财政部门实施的高标准农田建设项目大部分是有公示信息的，其他部门项目均缺少标识和项目公示牌。2019 年以来新立项的已竣工验收项目，部分已验收的项目也无国家标识和项目公示牌信息，不符合《农业农村部办公厅关于规范和统一高标准农田国家标识的通知》（农办建〔2020〕7 号）对高标准农田国家标识使用和公示牌设立的有关要求。

2020 年谯城区城父镇高标准农田建设项目

（7）存在非农化、非粮化 实地调查和运用无人机影像核查技术对比得出，部分耕地被光伏板、垃圾站、秸秆和粮食收购站占用。抽查的项目区种植的粮食作物主要为小麦、玉米、花生、大豆，所到项目区部分耕地种植了桃树，与高标准农田建设主要用于保障粮食生产和重要农产品供给大方向存在偏差。

2015 年灵璧县田间工程建设项目问题示例

灵璧县渔沟镇杏山村 2020 年度高标准农田建设项目问题示例

尹集镇 2019 年度高标准农田建设项目问题示例

6.5.3 对高标准农田建设的启示

（1）提高高标准农田建设规划设计水平 顺应新时期高标准农田建设要求，在严格按照《高标准农田建设通则》要求，实行田土水路林电技管综合配套的基础上，应主动顺应农业农村现代化发展新形势，将绿色农田、数字农田等纳入建设内容统筹设计，从源头上提高规划设计水平和工程建设质量。

（2）强化高标准农田建设全程质量管控 进一步规范和加强高标准农田建设质量管理，在高标准农田建设规划与项目储备、立项审批、项目实施、项目验收、建后管护、监督管理等各环节设定质量管理要求，形成高标准农田建设质量管理闭环，建立全程质量管控体系，提升高标准农田建设质量水平。

（3）压实高标准农田建后管护责任 高标准农田建后管护是项目长期发挥效益的关键，高标准农田建设项目竣工验收后，应及时移交资产，落实管护主体和责任，要按照"谁受益、谁管护，谁使用、谁管护"的原则，制定管护方案，确定管护主体，落实管护资金，签订管护协议，加强管护检查等。同时，做好项目有关设施使用的技术指导与宣传，确保高标准农田各项工程长期发挥效益。

（4）建立高标准农田建设监督评价管理长效机制 充分利用舆论监督、群众反映、调研评价等多种方式，全方位组织开展高标准农田建设质量监督工作，做到早发现、早反映、早处理，有效规避风险，完善政策措施。结合问题摸排与整改，深入分析原因，举一反三，不断完善相关制度，堵塞管理漏洞，建立健全高标准农田项目建设质量监督评价管理长效机制。

（5）加强遥感信息技术在高标准农田建设监管中的应用　在项目验收、工程复核和日常动态监测中，可采用无人机或者应用遥感技术开展工程实测，获取高标准农田建设项目区域彩色数字正射影像图，将其与设计图、竣工图进行叠加对比，检查工程数量和检验工程效果，提高高标准农田建设监管精度和监管信息化水平。

7 基于工程质量的高标准农田建设绩效评价

参考现有高标准农田建设项目绩效评价有关政策与文件精神，兼顾已有相关项目质量评价相关工作基础，通过系统梳理与分析高标准农田建设项目工程类型、工程内容特点，以提升高标准农田建设项目绩效目标中质量指标体系与评价方法的针对性与实效性为总目标，以高标准农田建设项目为代表，研究建立符合项目特点、科学合理、简便易行的质量指标及评价方法，为规范项目绩效目标评价工作提供支撑。

7.1 工程质量绩效评价理论分析

从工程管理的角度来看，高标准农田建设项目的工程质量是项目绩效目标实现的前提与基础，直接关系到项目经济、社会、生态、可持续影响与对象满意度等绩效指标的实际效果。而目前，根据《绩效管理办法》（农办计财〔2021〕45 号），"质量指标"在现有高标准农田建设项目绩效目标指标体系中，是一级"实施效果指标"下的二级"产出指标"中的一个三级指标，其指标取值是"工程竣工验收合格率"。而在绩效评价指标体系中，产出指标是指项目开工、完工、任务完成及竣工验收等指标，具体包括产出时效、产出数量、产出质量、成本控制四个方面[67]。在具体的绩效评价工作中，根据 2020年、2021 年的绩效评价指标体系。对于"绩效目标（5 分）"包含在"决策（10 分）"一级指标下，主要考查地方是否有设计明确的包含"质量指标"的绩效目标与指标值。而在项目绩效评价中，"产出质量（5 分）"作为"产出（25 分）"一级指标的一项，以"竣工验收率"作为评分依据，由系统自动评分。

项目质量在现有绩效目标与绩效评价指标体系中，实际反映的是高标准农田建设项目的竣工验收数量，难以全面反映建设项目工程质量，以及由项目质量支撑的项目成效，进而影响对预算资金支出真实绩效的判断。尤其对于具有重大战略意义、政府资金投入大、建设规模大、地域覆盖宽广、社会经济影响深远的农业重点建设项目（如确保国家粮食安全的高标准农田建设项目），支出绩效评价的根本目标在于切实改善我国农业生产设施与技术条件，夯实我国农村发展的基础，进而使财政资金使用的实效性最大化，同时充分发挥财政资金的导向、带动与激励作用[68]。因此，对于农业重点建设项目的绩效目标中项目质量的评价需要能够更加准确、真实反映项目质量的指标体系与评价方法。

长期以来，农业农村部及相关部门在对各类高标准农田建设项目的工程质量监督、管理和评价方面，已建立了一系列制度、机制和具体工作方式方法。但以项目支出绩效评价为目标，针对农业重点建设项目特点，合理地设定质量指标体系，且满足系统、高效、低成本和易操作的现实评价工作要求的具体方法，相关研究还较为欠缺。在指标的选择思路、设定依据、测度和评价方法等方面还没有建立足够细化、合理与可行的指标体系与评价技术方案。

7.2　工程质量绩效评价研究进展

随着近年来我国建筑业的迅速发展和建设工程规模的不断扩大，建设工程质量不仅是社会关注的热点，还是各级建设行政主管部门工作的重点。2002年，建设部副部长郑一军首次提出了应建立一个系统的指标体系，对我国的工程质量状况进行完整的、科学的、全面的评价。实际上早在20世纪90年代中期，国内就已经兴起了与建设工程质量评价方法，以及指标体系相关的系列研究。

7.2.1　建设项目质量评价方法

在方法方面，国内学者最先关注到的是传统方法的缺陷，即由负责工程质量评定的部分专家使用特定的李克特量表，基于经验划分质量等级，对工程质量进行评价的过程中具有显著的模糊性。这正是第一阶段方法研究的开端，李田（1997）创新性地将模糊数学理论引入建设工程质量领域，并将目光聚焦于隶属函数层面。以专家打分为基础来确定工程质量体系内影响要素权重的过程中，利用最大隶属函数原则对质量等级进行模糊综合评定；雷勇（1997）、陶冶（1999）、郑周练（2000）等受李田的启发，进一步利用模糊数学理论，使用不同的隶属函数，构建了工程质量体系综合评价模型，还分别做了相关的实证研究[69-71]。尽管上述学者均认可应根据实际需要来确定影响要素的权重，但在具体操作过程还是较多地依赖专家的经验判断。由此可见，对专家主观经验判断的过于依赖，使工程质量体系内各影响要素权重的客观性和合理性存疑。

为此，周焯华（1997）、刘迎心（1998）、吕云南（2001）、梁爽（2001）

等人在应用模糊数学理论的基础上，进一步引入层次分析法来构建项目质量的评价指标体系并计算指标的权重[72-74]。通过数学变换得出的权重结果更客观地吸收了专家的经验和意见，从而提高了评价体系的可靠性。这也标志着，通过模糊数学理论与层次分析法结合去构建工程质量的模糊评价体系成为第二阶段学界研究的主流。其中姚大鹏（2007）首先根据工程质量影响因素中存在的定性与定量两种类型，按照不同的隶属函数进行区分，再结合层次分析法，对工程质量进行多级模糊综合评价，在有效推动实践发展的同时，作者也承认此方法需要遵循的评判程序较复杂，且有大量重复性工作，应编制出与之配套的评定软件系统；杨玲（2009）在此基础上，为避免了单个环节的评价失误而影响建筑物整体的评价结果，按照将各影响因素量化打分再进行综合评价的思路，系统构建了多层次模糊综合评价模型，并进一步开发了相应的程序软件，弥补了之前学者的不足；陈兰（2017）选择结合实际情况去选择相应的隶属函数，综合30位专家评分的结果确定评价因素重要程度系数，基于层次分析法构建了Ⅰ、Ⅱ级模糊综合评价模型；常志朋（2013）考虑到上述研究采用的加权平均算子是建立在影响要素间相互独立基础上的，然而在实际中各影响要素间往往存在一定的交互作用，为此，将模糊测度和Choquet模糊积分算子相结合，构建了更为可信的模糊积分综合评价模型。这意味着，学界逐渐认识到实践中各评价指标之间具有非线性联系，而层次分析法是一种线性评价方法，使得建筑工程质量评价误差比较大、评价结果可信度有限[75-77]。

学界在第三阶段的关注点开始逐渐向非线性评价方法偏移，其中最具代表性的就是利用神经网络对建筑工程质量等级和建筑工程质量评价指标之间的关系进行建模与分析，孟文清（2004）、徐启程（2018）、赵丽（2020）等人证实了采用这种方法的建筑工程质量评价效果要明显优于层次分析法，但传统神经网络的参数采用梯度下降算法进行优化，使得参数优化速度慢、神经网络收敛时间长，因此无法获得满意的建筑工程质量评价结果。为此，张敏（2018）、陈岩（2020）等人追踪神经网络最新研究，从建筑工程质量变化的特点切入，分别提出基于遗传算法的建筑工程质量评价模型，并进行实证研究，结果表明使用这种方法的建筑工程质量评价结果更加可信，具有较强的实际应用价值。

7.2.2　工程质量评价对象与内容

除在建设工程质量评价中引入新的数学方法之外，国内学者也对建设工程质量评价的对象和内容进行了深入探讨。其中，刘迎心（1998）从建筑工程质量定义出发，将建筑工程质量分为设计质量和施工质量两部分，遵从适用性、安全性、美观性的原则，从工程项目实体质量、质量保证资料、工程观感质量、设计质量以及对环境影响等方面入手，构建了工程质量评价体系；陶冶

（1999）将工程质量分为工程竣工验收的质量和工程投入使用后的质量两部分，按分项工程、分部工程、单位工程的划分方式，遵从适用性、可靠性、耐久性、美观性的原则，构建了相应的工程质量评价体系；吕云楠（2001）基于质量学原理，认为建设工程质量其应包括工程实体质量、使用功能质量、工作质量三部分，遵从结构或部件的完整性、功能性、可靠性、运营性、工艺性、美观性及经济性七个原则，基于经验构建了具有十九个要素的工程质量评价体系[78-80]。这一阶段学者对于工程质量的理解更多还是从质量本身出发，通过结合自身经验，构建相应的评价体系，系统性思维的缺乏不足以满足实践的要求。伴随着 2001 年我国工程质量等级评定由以往的核验制向备案制转变，负责评定工程质量的主体也由单一的政府质量监督部门向包括监理、施工、设计、勘察等多元主体转变，这促使学界对于工程质量评价的出发点由概念理解转变为内涵探讨，以此推动工程质量评价体系的完善。其中张巧玲（2004）考虑到现有质量指标由于缺乏实时性、系统性和整体性，无法全面地反映我国建设工程质量的综合水平，因此从勘察、设计、施工等工程质量形成的关键阶段入手，以建设行政管理部门为主要评价主体，从工程类型、质量形成阶段及质量特性三方面构建了更具系统性的工程质量的评价体系；朱宏亮（2007）在此基础之上，将建设工程质量概念看作是一个构成要素相对不明确的复杂系统，从工程类型、质量形成阶段及质量特性三个方面对建设工程质量内涵及其评价要点进行分析，并运用抽样调查等技术方法进行了实证分析，验证了该评价体系的有效性；王大海（2010）以工程质量管理评价理论为指导，基于全面性、系统性、精练性、可度量原则，从项目设计质量、施工质量和验收质量三方面出发，紧密结合建设项目的行业特点，充分考虑工程项目的现实情况、长远发展与社会各方面的协调关系，构建了相应的指标体系；张楠（2012）为系统地反映和控制建设工程质量，从建设工程项目质量、企业质量和政府监管质量三个维度出发，遵从全面性、科学性的原则，按照关注主体的不同，构建了工程质量三维评价体系[81-83]。

由此可见，该阶段学界对建设工程质量的一般认识有所深入，较为全面地理解了建设工程质量的概念，并弥补了第一阶段系统性不足的缺陷，但依旧不足以支撑实践发展的需要。随后为确保新时期新形势下的建设工程质量评价体系能够更加全面有效地反映出国内建设中工程施工质量及其控制状况，冯源（2014）、王津海（2018）等人在此基础上，结合全寿命周期工程管理理论，从事前、事中、事后三个阶段的管理重点入手，综合考虑了国家现有的法律法规、技术标准和设计文件，按照科学性、可操作性和可比性的原则，从施工选材质量评价、结构强度评价、制造精度评价、工程的观感质量评价、功能测试评价五个方面选取系列指标构建相应的质量评价指标体系；张振生（2019）基于决策层总控管理视角，从工程实体和参建单位两方面，构建由参建单位质量行为和工程实体质量评价体系构成的大型机场建设项目工程质量评价体系，并就权重分配、判定标准、评价等级设定系统阐述评价方法；李德智（2020）对比了国内外研究现状，从评价内容、评分方式和评价体系应用三个方面对中国内地、中国香港和新加坡三个地区的建筑工程质量评价体系进行对比分析，探究中国内地的建筑工程质量评价标准存在的薄弱之处，再次强调了建立全寿命周期连续的建筑工程质量评价体系的重要性[84-86]。

综上，已有研究成果还主要集中于对工程质量评价的方法和评价体系构建的内容探讨方面。对于评价结果和计算的关注可能是制约现有研究更进一步的关键，因此，应该正视质量评价的内涵，即作为质量持续改进过程中的重要环节，应从全面质量管理的高度来思考，如何通过质量评价来更好地促进工程质量水平的提高。

7.2.3 高标准农田建设项目质量评价相关技术规范评述

目前，高标准农田建设管理中已经形成若干针对不同目标、不同侧重点的，尤其是包含了工程质量评价有关内容的技术性、规范性文件，其中也包括了对高标准农田建设具有较好参考意义的土地整治项目相关技术规范，本研究筛选其中最有代表性的 6 个文件，通过横向比较分析，得到如下思考：

现有与高标准农田建设项目工程质量评价相关的标准与规范中，尽管还未统一相应的评价体系，但客观性与科学性的构建原则均被反复提及。尤其是在明确评价的范围时，往往会强调"全过程"的理念，侧重于以包括投资决策、规划设计、建设施工、运营维护等在内的建设项目全生命周期为基础来界定评价的范围；在筛选评价指标时则更多地关注于工程本身，以确保筛选结果有利于保证工程质量和施工管理为目标，同时综合考虑工程建设类型、特征及内部联系，并结合施工组织和合同要求进行凝练；在评价方法方面，目标比较法与问卷调查法较为常见；在具体的评价过程中，以单位自评与部门评价相结合为基础，根据国家及相关行业的测定标准，由第三方或负责核查的有关部门使用相应的技术工具，对竣工阶段的工程数量与工程质量进行抽样评价成为现行主流。

实际上，这些标准与规范中的工程质量评价体系更为关注已完工项目工程实体部分的评价及验收，对于非实体部分的关注度明显不足，难以匹配绩效评价所强调的动态性、长期性、持续性的本质内涵。因此，如何科学、合理、系统地利用现有的资料去综合反映工程质量的本质属性，特别是工程前期的项目建议书、可行性研究这样的基础资料，以及工程建设期的施工签证、设计变更等关键文件，同时综合考虑绩效评价在时间、成本以及技术方面的可行性，从而构建相应的工程质量绩效指标体系，全面评价工程质量，反映工程质量绩效评价水平，成为亟待解决的重要问题。

农业建设项目（高标准农田）绩效目标与质量指标评价相关规范文件

规范标准	评价对象与内容	评价方法	评价过程	工程质量（绩效）评价方式
高标准农田建设评价激励实施办法	前期工作 建设面积与质量 资金投入和支出 竣工验收和上图入库 日常工作调度	基于监测、调度、实地评价，日常监测监管、省自评价，依证材料综合评价	省级自评（自评报告）、上传综合监测平台、农业农村部与财政部根据监测数据、明察暗访运行等开展综合评价，最后评价结果排序，确定激励名单	实地评价结合日常工作监督明察暗访，根据监测点位，粮食生产功能定位等确定区域
高标准农田建设质量管理指南	田块整治 土壤改良 灌溉与排水 田间道路 农田防护和生态环境保护 农田配输电等工程	工程质量评价：在评价成员工的监督下，重要工程和重要部位应全部评价，普通工程和普通部位按工程量抽样方式，按工程量10%的比例随机抽评	通过听取汇报、查阅项目档案、财会账册、工程资料、实地随机查验项目的前期工作、招投标、合同、施工、监理、财务凭证和群众满意度等进行检查验收，填写有关验收记录表	(1)工程数量评价：非现场评价和现场实测评价 (2)工程质量评价：工程外观质量现场查验、参照初步设计文件或实施方案、变更文件、规范标准文件对各单体质量进行检验或试验，查阅施工、原材料与中间产品的项目各单位、施工单位、监理单位三方签证材料，是否满足设计要求
高标准农田建设评价规范	(1)建设任务 (2)建设质量 (3)建设成效 (4)建设管理 (5)社会影响	(1)目标比较法 (2)专家评议法 (3)问卷调查法 (4)资料查阅法 (5)现场调查法 (6)抽样调查法	成立评价工作机构，明确评价范围与内容，选择评价指标与权重，现场调查与资料收集，数据采集与检验，建设任务评价，建设质量评价、建设成效评价、建设管护评价、社会影响评价、综合评价，编写报告，提出对策建议	项目竣工验收资料，评价工程质量建设前后耕地质量评价，对评价的对象有关情况进行合适，分析和确认；抽样调查比例不应低于10%
高标准基本农田建设标准	(1)任务完成：建设范围、规模、新增耕地面积、任务完成情况、耕地质量、资金使用与管理、后期管护措施等 (2)实施管理评价：管理制度、技术标准和质量控制措施 (3)实施成效评价：经济、社会、生态	(1)目标比较法 (2)因素分析法 (3)横向比较法 (4)问卷调查法 (5)询问查证法	(1)制定绩效评价工作方案 (2)确定被评价的对象和内容 (3)项目情况调查分析 (4)撰写调查报告 (5)绩效评价结果应用	(1)现场评价：评价工作组到现场勘查，对评价方式，对评价项目的有关情况进行分析和确认 (2)非现场评价：评价工作组根据项目单位提交的相关资料进行核实和分析

（续）

规范标准	评价对象与内容	评价方法	评价过程	工程质量（绩效）评价方式
耕地地力调查与质量评价技术规程	气象、立地条件、剖面性状、土壤理化性状、障碍因素、土壤管理	(1)特尔斐法 (2)层次分析法 (3)模糊评价法	(1)调查采样点样品采集、分析测试 (2)各评价因子数据赋值给评价单元 (3)评价因子组合权重计算评价单元综合地力指数	一
土地整治工程质量检验与评定规程	(1)施工准备检查 (2)原材料及构件及中间产品质量检验 (3)金属结构及机电设备质量检验 (4)单元工程质量检验 (5)质量事故检查和质量缺陷备案	(1)进场原材料、中间产品质量检验可以使用现场检查法、筛分法、淘洗称重法等 (2)土石方工程质量检查、水准验可以使用现场检查；砌体工程质量检验可以使用水准仪、经纬仪等；直尺检查；钢筋混凝土工程质量检验可以用钢尺、现场观察 (3)设备与安装现场观察、水准检验可以用现场观察；农用井工程质量检验可以用抽水试验、过滤沉重、现场观测等	施工单位按照规划设计、技术标准和合同约定检验，对涉及结构安全构件的部分，应该进行现场取样送往有资质的检测单位进行检测、检验评定后形成工程质量检验评定表，之后在此基础上进行工程质量评定	工程质量等级分为"不合格""合格""优良"，工程质量必须达到"合格"后，才能进行下一工序施工或检验

7.3 工程质量绩效评价主要内容

工程质量绩效评价旨在为高标准农田建设项目绩效评价中的质量指标设定与评价提供理论和现实依据，并提出评价的技术方案。主要通过文献研究、定性与定量相结合方法，以高标准农田建设项目的根本绩效目标为出发点，对高标准农田建设项目质量指标的选取和评价的原则、思路与方法加以研究，最终形成质量指标体系和评价方法研究报告。

（1）高标准农田建设项目绩效目标质量指标现况与不足　首先，基于近年来农业农村部出台的相关政策文件，以及近年来完成的高标准农田建设项目绩效评价结果，整体分析我国高标准农田建设项目概况；然后，结合相关数据分析结果，系统介绍农业重点建设项目（高标准农田建设项目）的发展情况、现有相关项目绩效评价工作、指标体系，以及存在的不足与问题，为后续指标体系构建和评价方法制定奠定基础。

（2）预算绩效目标与高标准农田建设项目质量评价相关研究　通过文献研究法，系统搜集已有学术研究、政策文件、技术标准和规范等文献，对相关领域中对预算绩效目标设定和绩效评价中质量指标的功能、角色和选取原则加以分析，论证农业重点建设项目绩效目标与评价的根本目标。然后，进一步演绎分析质量指标的作用与意义，进而梳理指标维度与内涵。

同时，一方面综合分析工程质量管理和工程质量评价相关研究成果；另一方面，梳理现有高标准农田建设相关质量管理与评价相关技术规范与标准，借鉴已有成果经验，为提炼适合农业重点项目质量评价的指标设计与评价方法确定思路。

（3）高标准农田建设项目绩效目标质量指标体系构建　在前序研究基础上，以高标准农田建设项目为例，通过系统分析高标准农田建设项目的工程类型与工程内容特点，参考财政部、农业农村部相关绩效目标和指标设置及取值指引，首先分析农业重点建设项目绩效目标质量指标体系的整体架构，然后提出指标选取的基本原则与思路，最后针对不同工程类型与工程内容设计质量评价指标，并设计评价所需的支撑材料、技术手段和工具。

（4）高标准农田建设项目绩效目标质量指标评价方法　根据前序设计好的质量评价指标体系，结合项目绩效评价基本目标、设置与取值指引等文件中所提出的绩效评价工作原则，对具体质量评价工作形式、工作步骤与流程、评价打分参考标准、评分计算方法与步骤、评价结果应用等内容加以研究。

7.4　指标体系构建

针对前序研究中高标准农田建设项目绩效评价中质量指标与评价方式的不足，参考国内外在绩效评价中质量指标的意义、工程质量评价方法相关研究成果，对标当前高标准农田建设项目绩效与工程质量评价相关规定，本研究从质量评价指标选取原则、思路入手构建符合高标准农田建设项目特征的质量评价指标体系。

7.4.1　设计原则

根据《中央部门项目支出核心绩效目标和指标设置及取值指引（试行）》。绩效目标应当与部门职责及其事业发展规划相关，涵盖政策目标、支出方向等主体内容，体现项目主要产出和核心效果，坚持细化、量化，便于衡量评价。为此，提炼了高度关联、重点突出、量化易评三项原则。同时，针对现有相关质量评价指标体系中"重量、轻质"的问题，本研究还增加了"质量并重"原则，为研究质量指标设计的基本原则。

（1）高度关联原则　基于"高度关联"原则，对于高标准农田建设项目绩效目标中质量指标的设计，应充分体现该类项目的特点，即充分考虑工程类型、工程内容、施工组织方式、实施周期等方面特征，为质量指标体系设计逻辑统一的维度体系。

（2）重点突出原则　为了确保"重点突出"，指标体系设计需要紧紧围绕工程质量这一核心。尤其考虑到目前已有的激励考核、粮食安全省长责任制考核（简称粮安考核）等既有指标体系中，已经覆盖了项目前期工作、资金使用情况、后期管护落实等项目实施不同环节的指标内容，因此在质量指标体系设计过程中不宜进一步扩大评价对象、环节与范围，聚焦在能够直接体现质量的各类指标上。

（3）量化易评原则　基于"量化易评"原则，要求整个体系各级、各类指标遵从统一的设计逻辑，且可以直观测度；在测算方法上，保证各项指标评价结果，可以从低层级向高层级汇总，最终实现使用单一数值反映多维度信息的目标。同时，考虑到评估工作的效率和可操作性，所有指标的取值应尽量可以通过直接观察、测度或通过项目资料间接取得；合理平衡评价投入时间、人力与物力成本、技术门槛等因素与质量评价精度之间的矛盾。

（4）质量并重原则　高标准农田建设是一项完整、综合与复杂的农田系统工程，整体效能既依赖单体、单项工程自身功能的正常发挥，又需要各项工程间的协调配合，发挥系统整体协同效应。因此，工程建设的完整性（或工程量达标）是保证项目符合系统设计目标、发挥设施功能、彰显资金使用绩效的基础；而工程建设质量，又决定着农田工程系统单体、局部与总体效能的实现，设计目标与年限目标的实现程度。这就要求指标选择和评级过程中，必须兼顾"质"与"量"两个方面，不能厚此薄彼。

7.4.2　类型与特点

根据《高标准农田建设通则》，高标准农田建设项目主要包括六大类工程类型：土地平整工程、土壤改良工程、灌溉与排水工程、田间道路工程、农田防护与生态环境保持工程、农田输配电工程。总体上，各工程类型多属于田间基础设施建设类型，主要目标是满足田间管理和农业机械化、规模化生产需要，而进行的设施配套建设。此外，在建设标准上，各类田间基础设施占地率应不高于8%；使用年限上要求各项基础设施工程正常发挥效益不应低于15年。

鉴于绩效评价为工程竣工验收后评价，因此对于各类工程类型特征的提炼主要基于工程外观和可观测性特征两个方面。

（1）土地平整工程　指为满足农田耕作、灌排需要而进行的田块修筑和地力保持措施，包括耕作田块修筑工程和耕作层地力保持工程。该类工程主要建设内容：一是应根据地形条件、耕作方式、作物种类等综合条件，合理规划田块、提高田块归并程度，实现耕作田块相对集中。二是实现田面平整，减少田内田面高差。三是加强耕作层保护，降低影响作物生长的障碍因素，保证耕作层厚度。四是在条件适宜的坡耕地，修建梯田。五是田坎保护工程。因此，该工程类型主要是在耕作田块面上实施建设的，且建设前后田块在形态、高差、外观等方面存在显著差异的工程内容。

（2）土壤改良工程　指为改善土壤质地、减少或消除影响作物生长的障碍因素而采取的措施，包括沙（黏）质土壤治理、酸化和盐碱土壤治理、污染土壤修复、地力培肥等。该类工程也是在耕作田块的面上实施，但主要的实施绩效更多体现在土壤的物理、化学、生物学等指标上，因此建设绩效难以通过简单的观察进行测度与判断，需要借助专业的实验检测人员与技术。

（3）灌溉与排水工程　指为防治农田旱、涝、渍和盐碱等灾害而采取的各种措施，包括水源工程、输水工程、喷微灌工程、排水工程、渠系建筑物工程、泵站及输配电工程。该类工程主要特征是网络结构特征，即由水闸、出水口、泵站、井房等为节点，以沟、渠、管道等线性工程为连边所形成的农田水利网络。同时，既包括直接可观测的显性工程，也包括施工后埋置的隐蔽工程。

（4）田间道路工程　指为满足农业物资运输、农业耕作和其他农业生产活动需要所采取的各种措施，包括田间道和生产路。在设计方面，对田间道路密度、宽度、路面厚度、路基、用材等方面均有较为明确的技术规范要求。该类工程主要表现为由显性的线性工程构成的道路网络系统。

（5）农田防护与生态环境保持工程　指为保障土地利用活动安全，保持和改善生态条件，防止或减少污染、自然灾害等所采取的各种措施，包括农田林网工程、岸坡防护工程、沟道治理工程和坡面防护工程。该类工程往往与田、路、沟渠等有机结合，主要表现为直观可测的线性与面状工程。

（6）农田输配电工程　指为泵站、机井以及信息化工程等提供电力保障所需的强电、弱电等各种措施，包括输电线路工程和变配电装置。该类工程也多与田、路、沟渠等有机结合，主要表现为直观可测的线性或点状工程。

7.4.3　工程内容分类

遵循"高度关联"原则，通过对上述六大工程类型特征的梳理，按照单项工程是否大部分埋置，可将其划分为：显性工程与隐性工程。同时，根据工程的外观特征可分为点状、线性、面状工程。由于我国各地具体实施高标准农田建设中，因地制宜配置工程内容，因此研究团队通过对东南部四省调研，梳理了43项典型的工程内容，以此为例对工程内容特征加以分类。

（1）点状工程　指单项或单位工程的外观呈现点状。高标准农田建设项目中的点状工程包括：塘坝、蓄水池、拦河闸、泵站、护坦、海漫、机井、渡槽、闸、机耕桥、下田板、节水设备、谷坊坝、变压器、配电装置、标志牌等，并且以上所有工程都属于显性工程。

（2）线性工程　指单项或单位工程的外观呈现线性。高标准农田建设项目中的线性工程包括两类，一是线性工程，主要有田埂修筑、支渠、斗渠、农渠、土渠、侵蚀沟、斗沟、农沟、沟渠清淤、机耕道、生产路、生态林、生态沟、防护墙等。二是隐性工程，主要有输水管道、涵管、高低压输电线路等。

（3）面状工程　指单项或单位工程的外观呈现面状。大部分工程是隐性工程，主要包括：表土剥离、表土回填、土地深耕、科学施肥、覆盖地表、以水压盐、挖坑填砂、秸秆还田等。此外，还有田块平整等显性工程。

高标准农田建设项目工程内容特征分类表

工程特点	显性工程	隐性工程
点状工程	塘坝、蓄水池、拦河闸、泵站、护坦、海漫、机井、渡槽、闸、机耕桥、下田板、节水设备、谷坊坝、变压器、配电装置、标志牌	—
线性工程	田埂修筑、支渠、斗渠、农渠、土渠、侵蚀沟、斗沟、农沟、沟渠清淤、机耕道、生产路、生态林、生态沟、防护墙、输水管道、高低压输电线路	涵管、输水管道、高低压输电线路

(续)

工程特点	显性工程	隐性工程
面状工程	田块平整	表土剥离、表土回填、土地深耕、科学施肥、覆盖地表、以水压盐、挖坑填砂、秸秆还田

7.4.4 指标体系构建

7.4.4.1 指标维度

遵循"质量并重"原则，将高标准农田建设项目质量指标体系分为工程量和工程质量两个指标维度。

(1) 工程量指标 主要衡量某项工程内容是否按照项目设计要求中的工程量部分，充分完成。考虑到点、线、面三类工程的特征，工程量指标可根据具体工程特征进一步分解为：个数、长度、宽度、高度、坡度、土方量、面积等指标。对于隐性工程的工程量评价则主要根据其可见部分的数量、分布面积等指标评价，例如管灌出水口的数量与覆盖面积。具体评价中取值依据，主要是以项目工程设计文件所载具体工程量为标准，对随机抽取的具体标段、单体或单项工程的完成情况，以完成百分比的形式加以评价。

(2) 工程质量指标 主要衡量某项工程内容与项目设计标准的符合程度，同时调查其实际运行与使用情况，检查设施功能是否达到设计标准要求。考虑到现场评价实际，对工程质量评价主要从属性、外观完好性、功能可用性、材料与设备品质等方面加以评价。其中，针对具体工程内容，设计不同的质量属性指标，例如针对土壤改良工程，主要从土壤理化生指标情况进行检验评价，而对于土地平整工程，则主要评价土壤层厚度、田块平整度等情况。对于隐性工程则重点评价该项工程内容的功能是否能够正常运转与达标，例如对于喷灌设备检查所有喷头是否能够正常工作，或地下输水管道的出水口流量是否达标等。对于涉及使用混凝土、钢筋、防水材料等用材质量的判断，主要可以依据项目实施过程中的检测报告结果，检查其是否符合设计要求，同时针对混凝土部件、构件进行回弹硬度检测。对于农田输配电工程中，涉及采购高低压输电线路、变压器、配电等设备与装置的，一方面检查其是否具备合格证书、规格是否符合要求，另一方面可以抽检其运行是否正常。

7.4.4.2 指标内容

基于工程量与工程质量两个维度，即可对高标准农田建设项目的工程内容依据其特征进行分类，并针对不同工程内容的特点，总结相应的评价指标。从高标准农田建设项目特征入手，结合质量评价工作作为竣工后评价以及关注于工程实际质量的评价目标，针对每一个工程内容均可从其外形特征与可见性特征加以分类。同时，由于不同工程所采取的技术工艺存在差异，参考如《高标准农田建设通则》《高标准农田建设标准》等各类相关技术标准和规范对相关工程内容的定义，就可分析出特定工程内容所需衡量的关键、代表性工程量与工程质量指标。由此基于高标准农田建设工程类型特征，逐步构建出适宜评价该类项目各项内容的质量评价指标体系。

高标准农田建设项目质量评价指标体系

工程类型与工程内容			工程量评价指标	工程质量评价指标
工程类型	工程内容	特征分类		
土地平整	表土剥离	面状/隐性	土方量、面积	—
	田块平整			田块平整度
	表土回填			表土厚度
	田埂修筑	线性/显性	长、宽、高、坡度	外观、功能
土壤改良	土地深耕	面状/隐性	深翻厚度、面积	土壤有机质、理化特征
	科学施肥		施肥量、面积	
	覆盖地表		耕作层厚度、面积	耕作层厚度
	以水压盐		面积	土壤盐碱度
	挖坑填砂		土方量、面积	耕作层厚度
	秸秆还田		秸秆量、面积	土壤有机质、理化特征
灌溉排水与节水设施	塘坝	点状/显性	数量、设计符合度	外观、功能、材料质量、设计符合度
	蓄水池			
	拦河闸			
	泵站			
	护坦			
	海漫			
	机井			外观、功能
	支渠	线性/显性	长、宽、深	外观、功能、材料质量
	斗渠			
	农渠			
	毛渠			
	土渠			
	侵蚀沟			外观、功能
	斗沟			外观、功能、材料质量、设计符合度
	农沟			
	沟渠清淤		土方量、面积	外观、淤塞情况

（续）

工程类型与工程内容			工程量评价指标	工程质量评价指标
工程类型	工程内容	特征分类		
灌溉排水与节水设施	渡槽	点状/显性	数量、规格、设计符合度	外观、功能、材料质量、设计符合度
	闸			
	机耕桥			
	涵管			
	下田板			
	输水管道	线性显性/隐性	长度、灌溉面积	显性管道：外观、功能 隐性管道：功能
	节水设备	点状/显性	数量、设计符合度	外观、功能
田间道路	机耕道	线性/显性	长、宽、厚度	外观、功能、材料质量
	生产路		长、宽、厚度	
农田保护及其生态环境保持	生态林	线性/显性	长度、株	外观、成活率
	生态沟		长、宽、深	外观、功能
	防护墙	点状/显性	长、宽、厚度	外观、功能、材料质量、设计符合度
	谷坊坝		数量、设计符合度	
农田输配电工程	高低压输电线路	线性显性/隐性	长度	显性：外观、功能 隐性：功能
	变压器	点状/显性	数量、规格符合度	外观、功能、设备信息
	配电装置			
其他工程内容	项目标识与标志牌	点状/显性	数量、设计符合度	规范性、外观、材料质量

7.4.5 评价工作的组织方式与流程

7.4.5.1 成立评价工作组

由省（市）级农业农村部门牵头组建评价工作组。评价工作组由 5 人以上单数专家组成，设工作组组长 1 人。专家组成员应涵盖农业农村、土地管理、农田水利、财务审计、项目管理等相关领域；优先从高标准农田建设项目省级专家库中选取。省（市）级农业农村部门负责评价相关统筹协调工作，由待评价项目所在县区农业农村部门配合具体评价工作实施、组织与安排。

7.4.5.2 随机选取拟评价项目

根据省（市）农业农村部门提供的各县区历年高标准农田建设项目清单，基于评价项目选取时间段，由评价工作组专家随机选取、共同决定待评价项目，原则上侧重选取投资与建设规模大、工程内容综合性强、区域代表性强的项目。如拟评价县区某年度仅有一个项目的情况，则直接选择该项目。

各省（市）级农村农业部门根据评价工作组确定的评价时间区间，对确定时间区间内所有已建成高标准农田项目情况加以汇总。原则上评价项目数量与项目规模两项均不得低于该省（市）汇总数量的 10%。涉及现场评价抽检的各类工程内容，应根据规划设计文件记录其项目类型、编号和位置（坐标）信息。

7.4.5.3 评价工作模式

根据《农业农村部项目支出绩效评价实施办法》：部门评价原则上应采取现场和非现场评价相结合的方式。其中，非现场评价是指评价人员对项目单位提供的项目相关资料和各种公开数据资料进行分类、汇总和分析，对项目进行评价的过程。现场评价是指评价人员到项目现场采取勘察、询查、复核或与项目单位座谈等方式，对有关情况进行核实，对所掌握的资料进行分析，对项目进行评价的过程。因此，高标准农田建设项目的质量评价工作也沿用非现场评价与现场评价相结合的方式。

（1）非现场评价　非现场评价环节由评价组重点检查被抽取的高标准农田建设项目各类项目相关资料的规范性、完备性、真实性、一致性，以及项目资料管理工作的规范性、制度建设和执行情况。

工作过程中具体由县级农业农村部门根据评价资料清单中所列内容提供项目资料，根据工作组的要求提供其他相关资料备查，并安排专门人员解答工作组有关质询。同时，工作组在评价过程中，对各项目的投资建设规模、工程进度、建设内容等具体信息做简要梳理；然后遵循优先性原则，优先考虑投资与建设规模占比较大、施工工艺较为复杂的工程内容，以及多类工程内容复合性较高的区片进行排序，预先筛选出前 5 或前 10 个项目、标段、工程类型或单体工程形成有标号、有分类的备选清单，为后续现场评价时随机选取提供依据。

高标准农田建设项目质量评价非现场评价资料清单

序号	分　类	内　容
1	项目立项审批资料	项目建议书及申报文件，可研报告及立项审批文件，规划设计及投资预算，项目计划和预算批准文件，资金拨付文件，项目核查有关文件
2	招投标资料	招标公告，招标文件，投标文件，评标报告，招标标底编制文件，中标通知书
3	实施管理资料	项目实施方案，领导机构文件，管理制度，会议纪要，项目建设大事记，设计变更资料，竣工报告

（续）

序号	分　类	内　容
4	合同协议资料	设计、监理、施工、勘测合同，补偿协议，管护协议，其他协议，有关单位资质材料
5	监理资料	监理规划、细则、月报、日记，质量、进度、投资控制资料，监理工作总结报告
6	施工管理资料	施工组织设计，施工月报、日记，质量事故记录，单元工程质量评定资料，施工质量检测资料，工程计量原始记录，竣工图纸，施工管理工作总结报告
7	权属管理资料	权属调整公告、方案、协议，权属管理工作总结报告
8	财务档案	竣工决算资料
9	影像资料	项目现场施工前、中、后的照片与录像
10	其他	审计资料，工程管护资料，设计工作总结报告

（2）现场评价　工作组基于内业评价中对所选项目特点总结情况，针对每个选定的具体项目随机选取外业评价工程内容。首先，遵循全面性原则根据六大工程类型，确保实际项目建设涉及的全部工程类型有选择相应的待评价工程内容。然后，根据随机性原则，结合项目设计与施工有关文件，由评价组从每一大类工程类型中随机选取至少1个标段，或若干单项或单体工程作为外业评价对象。具体随机抽选方法，可以根据内业评价过程中形成的备选清单，使用随机数生成软件生成随机数，并在清单选择对应标号的标段或工程内容，形成现场评价内容清单。在随机抽取时，应核对所选内容是否满足全面性原则所要求的各类工程全覆盖的条件。

现场评价过程中，由县级农业农村部门负责带领工作组到达所选项目区，并根据项目规划设计与竣工资料与图件协助指认单项或单体工程；由评价工作组专家负责核定工程内容的区位准确性、测量工程完整性、检查工程质量情况、检测设施功能完好程度，并填写现场评价调查表。

7.4.5.4　评价意见征询与反馈

由评价工作组针对非现场、现场评价情况以及存在的问题，对县级农业农村主管部门有关人员提出征询，听取问题说明与成因介绍。

7.4.5.5　形成评价结果

评价工作组根据实际评价工作情况和地方反馈意见，共同会商，形成最终项目评价结果，填入项目评价情况表，由评价工作组成员签字。各县区评价结果汇交至省（市）农业农村主管部门。

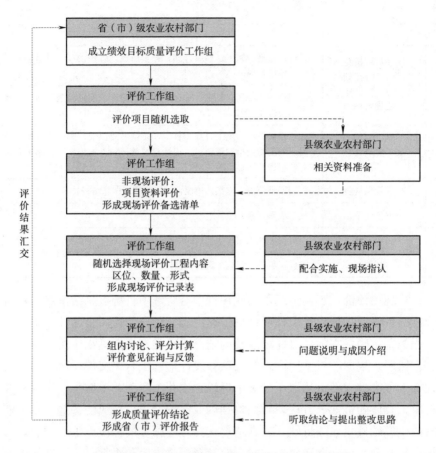

高标准农田建设项目绩效目标质量评价工作流程图

7.4.6　现场评价工作内容、工具与抽检要求

7.4.6.1　现场评价工作内容与工具

　　现场评价是质量评价的工作重点，根据评价指标体系，对现场评价过程中的评价内容以及建议使用的工具列举如下表所示。

高标准农田建设项目质量评价现场评价内容与工具

工程类型	主要评价内容	评价使用工具
土地平整	实测面积、表土厚度、田块平整度 田埂外观与功能检查	GPS/水准仪/全站仪、量尺、靠尺、取土环刀、数码相机
土壤改良	实测耕作层厚度、面积 土壤取样与实验分析	GPS/全站仪、量尺、取土环刀、数码相机

（续）

工程类型	主要评价内容	评价使用工具
灌溉排水与节水设施	线性/显性工程：实测长度、宽度，深度；回弹法检测混凝土强度 点状/显性工程：实测设施、建筑尺寸与设计符合情况；外观完好程度；设施功能试运行检查 线性/隐性工程：检验管线、设施功能及与设计流速、流量等水利指标符合情况	GPS/全站仪、量尺、靠尺、混凝土检测回弹仪、流速流量仪、数码相机
田间道路	实测长度、宽度与路面厚度 回弹法检测混凝土强度	GPS/全站仪、取土环刀、混凝土检测回弹仪、数码相机
农田保护及其生态环境保持	实测沟或墙的长、宽、深度或厚度 树木成活率与生长情况 实测设施、建筑尺寸与设计符合情况，外观完好程度 回弹法检测混凝土强度	GPS/全站仪、量尺、靠尺、混凝土检测回弹仪、数码相机
农田输配电设施	检查设备数量、规格与设计符合情况 设备功能试运行检查	数码相机

7.4.6.2 现场评价工作中抽检数量确定方法

针对不同工程内容的现场评价抽检和抽样数量确定方法规定如下：

（1）点状工程抽检数量确定方法　根据项目设计要求数量，原则上要求大类工程的单项工程抽检数量不少于 5 个，若不足 5 个则全部抽检。抽检过程中，应根据项目区布局特点，使用项目规划、设计资料，尽量选择位于不同地块、不同标段的抽检点，避免抽检点过度集中。

（2）线性工程抽检数量确定方法　根据项目设计要求的单项工程总量，按不低于设计要求总长度的 10% 的比例选择需抽检的单体工程。

（3）混凝土构件质量评价取样数量确定方法　针对大量使用混凝土预制构件或现浇构件作为施工材料的工程内容，以不显著影响和破坏设施正常功能和结构安全为前提，在单项或单体工程现场评价中采用回弹法现场检测混凝土硬度。原则上对点状工程的单体建筑或设施，最少抽样量为 1 个点位；线性工程应在不同片区或标段，随机选取 2～3 个点位。然后逐一记录每个工程内容、每个点位的检测值，留待后续计算评价使用。现场检测之后，需与县农业农村部门或建设单位落实修补事宜。

（4）取土检测抽检数量确定方法　对于需要取土检测的土壤改良类项目，原则上选择不少于设计实施总面积或地块数量 10% 的地块作为待抽检区。单个地块在不同位置随机选择 3 个点位取土、记录留存以备实验检测。针对由砂石、砾石等其他材料铺设的田间道路路面厚度抽检，采用取土观察法。

（5）现场评价参考相关技术标准与规范　现场评价过程中，可能涉及的多类型工程不同工程内容的质量评价，整体上以项目设计标准为基准，评价设计、功能复合度情况。对于不同类型工程内容的具体评价技术标准与规范可参见下表：

高标准农田建设项目质量评价参考技术标准与规范

编号	参考技术标准与规范
1	GB/T 30600—2002《高标准农田建设 通则》
2	GB/T 28405《农用地定级规程》
3	GB/T 28407《农用地质量分等规程》
4	GB 15618—2018《土壤环境质量 农用地土壤污染风险管控标准（试行）》
5	GB 50026—2020《工程测量标准》
6	GB 50288—2018《灌溉与排水工程设计标准》
7	GB/T 50363—2018《节水灌溉工程技术标准》
8	GB/T 50817《农田防护林工程设计规范》
9	GB 50204—2015《混凝土结构工程施工质量验收规范》
10	JGJ/T 23—2011《回弹法检测混凝土抗压强度技术规程》
11	NY/T 1119《耕地质量监测技术规程》
12	NY/T 1634《耕地地力调查与质量评价技术规程》
13	NY/T 2148《高标准农田建设标准》
14	TD/T 1041—2013《土地整治工程质量检验与评定规程》

7.4.7 质量评价评分标准与计算方法

遵循质量并重、量化易评原则，以单体、单项工程为基本评价单元，逐级汇总计算以项目为单位的项目质量评价结果。最后，汇总所有评价区域内项目的评价结果，取算术平均值为地区高标准农田建设项目质量评分。根据流程图所示，项目质量评分的计算过程由下至上，逐级汇总。

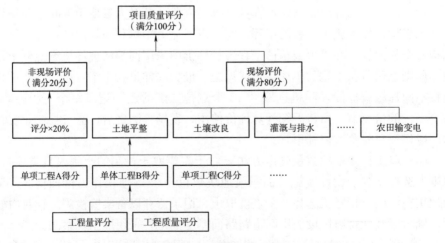

高标准农田建设项目质量评价计算步骤示意图

7.4.7.1 权重及标准

（1）非现场评价与现场评价分值权重　根据评价工作模式分类，被评价项目最终评价得分满分为 100 分，其中非现场评价满分为 20 分、现场评价得分满分 80 分。现场评价得分中，工程量与工程质量评价得分各占 50%，两项满分均为 40 分。

（2）质量评价计分标准　现场评价，以评价的单体或单项工程为基本评价单元，满分依然为 100 分，采用五级定性评价标准：优秀、良好、合格、较差、很差，对应计分为 100 分、80 分、60 分、40 分、20 分，具体评价评分参考标准见下表：

高标准农田建设项目质量评价计分标准

标准	非现场评价（20 分）	现场评价——工程量（40 分）	外业评价——工程质量（40 分）
优秀（100 分）	◆项目管理资料齐全、完备 ◆资料内容规范、完整 ◆资料管理形式规范、制度完善 ◆资料与实施情况匹配	◆全部工程量达到设计要求	◆外观无破损、符合设计要求 ◆设施功能完全符合设计要求 ◆施用材料（或土壤质量）符合设计要求 ◆配套设备符合设计要求 ◆运维管护主体、职责落实到位，制度健全
良好（80 分）	◆项目管理资料齐全完备 ◆资料内容较规范、完整 ◆资料管理形式规范 ◆资料与实施情况匹配	◆点状工程 90% 及以上工程量达到设计要求 ◆线性工程 90% 及以上工程量达到设计要求 ◆面状工程 90% 及以上工程量达到设计要求	◆外观符合设计要求、存在偶发破损，不显著影响使用寿命 ◆设施功能达到设计要求的 90% 及以上 ◆施用材料（或土壤质量）检测结果基本符合设计要求 ◆配套设备达到设计要求 90% 及以上 ◆运维管护主体、职责落实到位
合格（60 分）	◆项目管理资料较齐全 ◆资料内容基本规范 ◆资料管理基本规范 ◆资料与实施情况匹配	◆点状工程工程量达到设计要求 80%～89% ◆线性工程工程量达到设计要求 80%～89% ◆面状工程工程量达到设计要求 80%～89%	◆外观基本符合设计要求，存在少量破损，不显著影响使用寿命 ◆设施功能达到设计要求的 80%～89% ◆施用材料（或土壤质量）检测结果达到设计要求的 80%～89% ◆配套设备达到设计要求的 80%～89% ◆运维管护主体、职责基本明确

（续）

标准	非现场评价（20分）	现场评价——工程量（40分）	外业评价——工程质量（40分）
较差 （40分）	◆少数非关键项目管理资料缺失 ◆资料内容规范性不足 ◆资料管理规范性较差 ◆资料与实施情况少量不匹配	◆点状工程工程量达到设计要求70%～79% ◆线性工程工程量达到设计要求70%～79% ◆面状工程工程量达到设计要求70%～79%	◆少数外观未按照设计要求，存在少量破损，且明显影响使用寿命 ◆设施功能达到设计要求的70%～79% ◆施用材料（或土壤质量）检测结果达到设计要求的70%～79% ◆配套设备达到设计要求的70%～79% ◆运维管护主体、职责不清晰
很差 （20分）	◆关键项目管理资料缺失 ◆资料内容普遍规范性不足 ◆资料管理混乱 ◆资料与实施情况严重不匹配	◆点状工程工程量达到设计要求69%及以下 ◆线性工程工程量达到设计要求69%及以下 ◆面状工程工程量达到设计要求69%及以下	◆外观明显违背设计要求，普遍存在破损情况，显著影响使用寿命 ◆设施功能达到设计要求的69%及以下 ◆施用材料（或土壤质量）检测结果达到设计要求的69%及以下 ◆配套设备达到设计要求的69%及以下 ◆运维管护未落实
备注	◆评定"优秀""良好"与"合格"要求四类评价标准都满足或更好 ◆评定"较差"与"很差"时需满足三项及以上情况	◆评定过程中采用"单项标准取下限"原则，即三类工程量达标情况中以其中数值最低值确定最终工程量标准。例如：某项目点状工程完成95%，线性工程完成88%，面状工程完成75%，则工程量评定参考值为75%，评定结果为"较差"	◆设施功能达标比率：以现场实测结果与设计要求标准比较计算 ◆施用材料质量（或土壤质量）：以现场取样检测结果与设计要求标准比较计算。混凝土取样中，如现场观察即可判定明显的材料质量不达标情况的，可直接判定 ◆配套设备达标率：以抽检设备数量符合设计要求的比率计算 ◆运维管护情况：以现场观察、调查，配合内业评价情况共同判定

7.4.7.2 评分方法与计算步骤

抽检项目非现场评价分值参考评价标准，由评价工作组直接打分。现场评价评分：采用逐级汇总思路计算，即由"单体、单项工程"汇总计算"单类工程"评价分，然后由"单类工程"通过加权计算"项目评价分"。其中，考虑到具体项目在工程类型与工程量上存在的差异，为了凸显主要工程类型在项目评价结果中的重要性和影响力，以六大类工程在项目投资总额的占比为权重，加权汇总计算项目评价分。具体计算步骤如下：

第一步：单项、单体工程评价分值计算

评价工作组根据具体抽检的单项、单体工程的工程量与工程质量情况，参考评价标准表逐一完成评价打分、记录工作，并计算单项、单体工程评价分数。

$$单项、单体工程评价分 = \frac{工程量评分 + 工程质量评分}{2}$$

第二步：单类工程评价分数计算

根据抽检工程内容所属的工程类型，将同一工程类型中实际抽检各项单项、单体工程评价分值加总，然后除以实际抽检工程内容的个数，由此计算单类工程评价分值：

$$单类工程评价分 = \frac{\sum 单项、单体工程评价分}{抽检工程内容个数}$$

第三步：单类工程投资权重计算

根据项目资料中对于工程建设资金实际使用情况，计算各单类工程投资额占项目投资总额的比例，作为单类工程投资权重。投资相关数据可在非现场评价阶段，根据项目管理资料预先计算备用。

$$单类工程投资权重 = \frac{单类工程投资额}{项目投资总额}$$

第四步：现场评价分计算

将所有完成评价的某一大类工程的评价分乘以该类工程的投资权重，然后将各类工程加权，就得到现场评价分数：

$$现场评价分 = \sum (单类工程投资权重 \times 单类工程评价分)$$

第五步：项目评价总分计算

将非现场与现场评价分乘以各自权重计算单个项目评价分：

$$项目评价分 = 非现场评价分数 \times 20\% + 现场评价分 \times 80\%$$

第六步：地区评价分计算

待完成评价地区（县、市）内全部抽检项目评分后，汇总后计算各项目的平均分值，作为地区评价最终分值：

$$地区评价分 = \frac{\sum 单个项目评价分}{评价项目数}$$

第七步：组内评议与评价结果形成

评价工作实施过程中，被抽检项目所在区、县与市级农业农村部门相关工作人员应积极配合并解答工作组在评价工作中所提出的疑问、质询及补充材料需求。

待评价工作组完成单个项目评价工作后，组长应及时组织全体组员重点针对各项评价工作情况、发现的问题以及地方反馈信息等进行沟通，集体讨论并确定各项工程类型评分结果，形成项目评价结果。对于单体、单项工程或某类型工程评定结果为"较差"与"很差"的情况应明确注明，并反馈给地方农业农村部门；地方农业农村部门可根据项目评价结果中所反映的问题加以解释和说明，并提出初步的整改思路或方案。最终，评价工作组形成项目评价结论。

评价工作组完成某区域内全部抽检项目评价工作后，由组长组织全体组员针对所有评价项目结果进一步确认，主要依据地区评价分数情况，参考地方反馈的解释与说明，综合评价该地区高标准农田建设在数量与质量上的整体情况，形成地区评价结论与整改意见。最后，由评价工作组向地区农业农村部门主管领导与相关人员反馈评价结论与整改意见，地区农业农村主管部门领导应就整改意见提出后期整改工作思路或方案。

7.4.8 质量评价结果的应用

作为绩效评价的另一项主要功能，评价结果通过与预算安排、政策调整、改进管理挂钩，来发挥奖优罚劣和激励相容的导向作用。如前所述，工程质量是确保项目绩效目标实现的基础，因此，需要进一步将该结果拓展，与现有的高标准农田建设评价激励考核、粮食安全省长责任制考核等相关绩效评价体系有机衔接。

根据 2021 年的激励考核指标体系，工程质量与完成进度共计 15 分，其中工程质量占 6 分。本研究所提出的评价与测算方法能够将工程质量评价结果计算成 100 以内的分值，再经过简单折算就可以应用到激励考核中。同理，也可以折算为粮安考核中的高标准农田建设质量指标。

但如前所述，质量指标在各类相关评价指标体系中的权重仍然比较小，相比之下与项目开工率（6 分）、竣工验收（6 分）或上图入库（8 分）这些体现项目与资金管理过程性的指标持平甚至落后。尽管这些指标在督促地方加快工作进度、加强项目管理规范性方面具有较好的激励效果，但从项目本身创造价值、绩效的根源还是在工程本身的质量上，因此未来或可进一步提升质量指标的比重，用质量评价结果倒逼地方工作能力与效率的主动提升，进而真正实现正向激励作用，推动中央资金投入高标准农田建设项目取得更大的实效。

7.5 工程质量绩效评价的应用

7.5.1 项目相关质量评价指标现况

目前针对高标准农田建设质量的相关监管与评价工作主要根据《高标准农田建设评价激励实施办法》有关要求，对全国 31 个省、自治区和新疆生产建设兵团开展高标准农田建设激励评价考核（简称激励评价考核）工作，以及年度粮食安全省长责任制考核中部分针对高标准农田建设项目的质量评价。

7.5.2 高标准建设激励评价中的质量指标

激励评价考核指标体系中，设置"建设进度与质量"一级指标（35 分），其中下设二级指标"完成进度及工程质量"，给予分值权重为 100 分中的 20 分（2020 年）或 15 分（2021 年）。其中"完成进度"指标以建成高标准农田面积与年度任务的差值决定扣分值，每减少 1% 即扣 1 分，而工程质量方面则以实地评估的质量达标情况加以评价，满分为 6 分，每发现一项质量未达到设计要求、存在问题或有国务院领导批示的问题的即扣 1 分。根据 2020 年、2021 年度高标准农田建设激励评价结果，各省"完成进度及工程质量"平均得分情况分别为 17.8 分与 14.6 分。而 2020 年、2021 年的高标准农田绩效管理评价中也是沿用了激励评价考核的指标体系及结果。

7.5.3 粮食安全省长责任制考核中的质量指标

在粮安考核指标体系中，"高标准农田建设"考核分值为粮食主产省 5 分，非主产省 4 分。为便于计算，实际评估中将不同省份分数换算至 100 分，然后进一步细化指标。其中，"建设进展与质量"占到 40 分，包括"建设进展"指标占 30 分，以年度高标准农田建设任务完成比例来衡量，每少 10% 扣 5 分；"建设质量"指标占 10 分，主要通过实地评估在工程质量、耕地质量提升措施方面是否存在问题，每发现 1 处问题，扣 0.5 分。以 2020 年度粮食安全省长责任制考核（高标准农田建设部分）评分结果来看，"建设进展与质量"在各省的平均得分为 38.74 分。

7.5.4 基于"竣工验收率"的绩效评价中的质量指标

除高标准农田建设项目外，其他各类农业建设项目的预算绩效评价主要依据《中央预算内投资补助地方农业建设项目绩效管理办法（试行）》的要求，将项目质量指标设置为产出指标的一部分，其取值依据为建设项目的"竣工验收率"，即将完成工程施工和项目验收作为衡量项目质量绩效目标的依据。

一般情况下，高标准农田建设项目的工程内容、组织流程与管理机制较其他类型高标准农田建设项目更为复杂，且施工周期较长，易受自然气候、天气变化、地域条件等客观因素影响，因此某一年度的项目竣工及验收工作时间存在较强的不确定性。

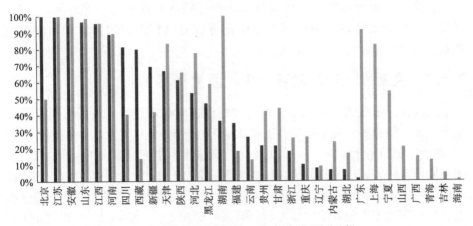

2020—2021年各地区高标准农田建设项目竣工验收比例

对 2020 年、2021 年各地区高标准农田建设项目的竣工验收比例进行统计,可以发现除了少数省份能够保证两年里都达到较高的竣工验收比例外,大多数省份两年中的结果差异比较大,没有明显的关联性。尽管竣工验收情况能从一个角度反映工程质量达标的信息,但在诸多潜在影响因素的作用下,单纯用它来体现某地区高标准农田建设质量情况,可能会导致比较严重的结果失真。

7.6 现有质量评价指标与方法的不足

(1) 指标"重进度、轻质量"的倾向 从现有两套评价指标体系来看,都将高标准农田建设项目的工程进度与质量放在同样的一级指标下,这也反映了高标准农田建设作为一项建设工程,其"质"与"量"在充分实现建设目标与发挥项目成效方面的不可分割性。但从权重或分值的分配上,可以看到更多的分数或权重分配给了项目进度。在激励考核指标体系中,进度指标占该项得分的 60%~70%,而粮安考核指标中,进度指标则占到了 75%。项目工程质量指标占比较低,使得最终评价结果的数值更多体现的是任务完成的数量而非质量。

(2) 质量问题的界定不够清晰 目前对于项目质量问题的界定,采用了"存在问题"这种相对含糊的方式,而对质量问题存在的性质、危害性,以及对不同工程类型与内容设计功能的影响都没有清晰的界定。同时,采用的计量方法是问题存在的"项"数,同样也无法明确描述质量问题的普遍性与程度,这样的描述使得实地评价过程中更依赖主观定性或经验性判断,无法更加科学、准确地反映可能存在的质量问题。

（3）不同评价指标体系间衔接不足　从评价对象来看，无论激励考核与粮安考核都是对高标准农田建设项目的评价，尤其对于项目实际工程质量的评价在根本目标、评价内容和组织实施方式上是相同的，但是由于两个评价在目标与结果应用上的差别，以及在进度、质量两项分值比重分配、计分与计算方法上的不同，导致同一个建设项目可能产生不同的评价结果。不同指标体系间的衔接不足，导致原本可以通过合理整合、同步实施的工作，需要各自独立完成，增加了工作时间、人力与物力投入。即便可以将一次评价的成果作为相关工作的支撑或依据，也会由于不同指标体系在指标概念、指标设置与计算方法上的差异，从而增加其复杂性。

8 基于目标效益的高标准农田建设绩效评价

根据《中共中央 国务院关于全面实施预算绩效管理的意见》《国家发展改革委关于加强中央预算内投资绩效管理有关工作的通知》等有关规定,研究拟从社会效益、经济效益、生态效益、可持续发展四个方面出发,立足高标准农田建设项目的标准化管理、农民增收、市场效益、整体增长、生态环境改善等,研究设定高标准农田建设重点项目绩效目标的效益指标,制定指标评估方法与技术流程,为规范绩效管理、增强资金使用效益提供理论支撑。

8.1 目标效益绩效评价研究进展

绩效指标是绩效目标的细化和量化描述,是绩效目标编制的主要形式和内容。绩效指标包含一级绩效指标、二级绩效指标和三级绩效指标三个层级,每个层级向下逐级包含、细化。而效益指标则是整体绩效指标体系中的关键,也是本研究重点探讨的问题之一。

效益指标是反映与既定绩效目标相关的、前述相关产出所带来的预期效果的实现程度。本研究采用较为常用的文献频度分析法,对现有的效益指标研究进展进行系统掌握。结合定性与定量分析,筛选出相关效益指标评价研究。基于国内 2000—2022 年的文献样本,对符合的研究对象进行筛选分析,统计各研究的相关指标频次,从而为下一步的指标体系的建立做科学参考。

经济及社会效益主要涉及粮食产量、人均增收、耕地生产效率、土地利用化等指标。经文献频度分析,土地利用变化的频度为 42%,人均增收和耕地生产效率的频度均为 17%,粮食产量的频度均为 8%[87-89]。

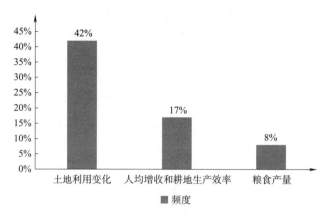

经济、社会效益及文献频度

生态效益主要涉及生物量、生态环境容纳度、植被覆盖度、生物多样性、释氧量、固碳量、水土保持服务等指标。经文献频度初步分析，植被覆盖度出现频度为 43%，水土保持服务价值为 15%，生物多样性为 11%，其余指标在 2% 左右[90-92]。

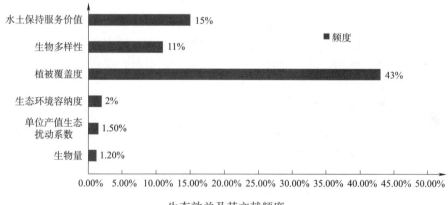

生态效益及其文献频度

8.2　指标体系构建

8.2.1　评价原则

8.2.1.1　基本原则

"4E"评估理论，是指从经济性（Economy）、效率性（Efficiency）、效果性（Effectiveness）及公平性（Equity）4 个角度设定评价指标进行评估。

(1) 经济性　一般指组织投入到项目中的资源量。经济原则要求的是以尽可能低的投入或成本，提供与维持既定数量和质量的公共产品或服务，侧重于成本控制。

(2) 效率性　指投入和产出的关系，包括是否以最小的投入取得一定的产出或者以一定的投入取得最大的产出。其侧重于投入与产出的对比，考虑如何最有效地使用社会资源以满足人类的愿意和需要，简单地说就是支出是否讲究效率。

(3) 效果性　是一个综合概念，指组织在发展自身基础之上还要为社会经济发展带来帮助，这两种效果的程度就是效果性的综合表现，简单地说就是是否达到目标。具体可以涉及环境效益、政治效益等。

(4) 公平性　作为衡量绩效的指标，主要强调问题在于"接受服务的团体或个人能否都受到公平对待，需要特别照顾的弱势群体是否得到了更多的社会照顾"。

8.2.1.2　具体原则

(1) 高度关联　绩效指标应指向明确，与支出方向、政策依据相关联，与部门职责及其事业发展规划相关联，与总体绩效目标的内容直接关联。不应设置如常规性的项目管理要求等与产出、效益和成本明显无关联的指标。

(2) 重点突出　绩效指标应涵盖政策目标、支出方向主体内容，应选取能体现项目主要产出和核心效果的指标，突出重点。同时，应将反映部门履职尽责、实现战略目标需要的绩效指标设置为核心绩效指标。

(3) 量化易评　绩效指标应细化、量化，具有明确的评价标准，绩效指标值一般对应已有统计数据，或在成本可控的前提下，通过统计、调查、评判等便于获取。确实难以量化的，可采用定性表述，但应具有可衡量性，可使用分析评级（好、一般、差）的评价方式评判。

8.2.2　评价内容

为科学规范高标准农田建设项目效益指标评价，建立起一套针对性强的项目效益指标设定规则与评估技术方法，需从效益指标的主要内容、评估方法及原则等方面，规范目标行为，明确设定标准和要求。主要包括两大目标：

(1) 以实施效益是否产生为标准　重点评价项目建设效果。一是社会效益，衡量项目实施对社会发展所带来的直接或间接影响情况。二是经济效益，衡量项目实施对经济发展所带来的直接或间接影响情况。三是生态效益，衡量项目实施对生态环境所带来的直接或间接影响情况。四是可持续性影响，衡量项目实施对可持续发展所带来的直接或间接影响。

（2）以基层群众是否满意为标准　重点评价群众对项目的真实态度。掌握受益主体对项目效果满意的真实情况，关键在于确保问卷调查的真实性。一是随机选取调查对象。二是给调查对象创造宽松的环境。三是态度和善，讲清调查工作的要求、目的，争取调查对象的认同感，从而掌握乡村干部、农户对农作物增产、农田节水、节省工时量等项目效果的真实满意情况。

8.2.3　设定思路

绩效目标通过具体效益指标予以细化、量化描述。设置绩效目标遵循确定项目总目标并逐步分解的方式，确保不同层级的绩效目标和效益指标相互衔接、协调配套。

（1）确定项目绩效目标效益指标　在高标准农田建设项目立项阶段，应明确项目总体政策目标。在此基础上，根据有关中长期工作规划、项目实施方案等，特别是与项目立项直接相关的依据文件，分析重点工作任务、需要解决的主要问题和相关财政支出的政策意图，研究明确项目的总体效益指标。

（2）分解细化指标　分析、归纳总体的效益指标，明确完成的工作任务，将其分解成多个子目标，细化任务清单。根据任务内容，分析投入资源、开展活动、质量标准、成本要求、产出内容、产生效果，设置效益指标。

（3）设置效益指标值　绩效指标选定后，应参考相关历史数据、行业标准、计划标准等，科学设定指标值。指标值的设定要在考虑可实现性的基础上，尽量从严、从高设定，以充分发挥绩效目标对预算编制执行的引导约束和控制作用。避免选用难以确定具体指标值、标准不明确或缺乏约束力的指标。

（4）加强效益指标衔接　强化一级项目绩效目标的统领性，二级项目是一级项目支出的细化和具体化，反映一级项目部分任务和效果。加强一、二级项目之间绩效指标的有机衔接，确保任务相互匹配、指标逻辑对应、数据相互支撑。经部门审核确定后的一级项目绩效目标及指标，随部门预算报财政部审核批复。二级项目绩效目标及指标，由部门负责审核。

8.2.4　指标体系确定

效益指标是对预期效果的描述，包括经济效益指标、社会效益指标、生态效益指标、可持续发展、满意度指标5类。

对于具备条件的社会效益、生态效益及可持续发展指标，应尽可能通过科学合理的方式，在予以货币化等量化反映的基础上，转列为经济效益指标，以便于进行成本效益分析比较。

（1）经济效益指标　反映相关产出对经济效益带来的影响和效果，包括相关产出在当年及以后若干年持续形成的经济效益，以及自身创造的直接经济效益与间接经济效益。

（2）社会效益指标　反映相关产出对社会发展带来的影响和效果，用于体现项目实施当年及以后若干年在服务农业生产、提升农户收入水平、落实国家政策、保护粮食安全、维持社会稳定方面的效益。

（3）生态效益指标　反映相关产出对自然生态环境带来的影响和效果，即对生产、生活条件和环境条件产生的有益影响和有利效果。包括相关产出在当年及以后若干年持续形成的生态效益。

（4）可持续影响指标　反映相关产出带来影响的可持续期限，项目是否可以持续发挥作用；现行管理体制是否满足长远发展需要；项目成本是否高昂或需求不旺，使项目运行难以为继而无法长远发展；项目实施后预期对社会、经济、生态发展持续产生的影响。可持续影响指标对于中长期项目是指项目实施后 3 年及 3 年以上的影响，对于年度项目是指项目实施后 1～2 年的影响。

（5）满意度指标　是对预期产出和效果的满意情况的描述，反映服务对象或项目受益人及其他相关群体的认可程度。对申报满意度指标的项目，在项目执行过程中应开展满意度调查或者其他收集满意度反馈的工作。

8.2.5　评价过程

第一步：对高标准农田建设项目进行梳理，包括资金性质、预期投入、支出的范围、实施内容、工作任务、受益对象，明确该项目的功能特性。

第二步：依据该项目的功能特性，预计项目实施在一定时期内所要达到的总体产出和效果，从而确定该项目所要实现的总体绩效目标，并以定量和定性指标相结合的方式进行效益指标表述。

第三步：将项目总体绩效目标效益指标进行细化分解，并从中总结提炼出最能反映绩效目标实现程度的关键性指标，并将其确定为相应的效益指标。

第四步：通过收集相关基准数据，如过去三年的平均值、以前某年度的数值、平均趋势、类似项目的现今水平、行业标准、经验标准等，确定绩效标准，并依据项目预期实施进展，结合评估方式，确定效益指标的权重及具体分值。

第五步：依据最终效益指标评价的结果，撰写评估报告，得出具体的结论，并将其结果进行推广应用。

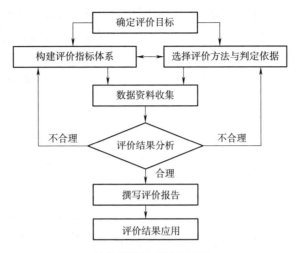

效益指标体系评价过程

8.2.6　效益指标评估方法

8.2.6.1　常用绩效评价方法

目前，常用绩效评价方法包括专家打分法、模糊综合评价法、层次分析法、数据包络分析法和物元分析方法等。

（1）专家打分法/德尔菲法　是以召集行业专家结合调查问卷的方式获得对某些研究事物的判断结果。专家的专长和经验起到了至关重要的作用，在使用此方法初期时可能出现专家意见不一的情况，因此需要不断进行观点反馈和调查问卷以达到最大程度的共识。

（2）模糊综合评价法　是分析通常带有一定的主观性和模糊性的常用方法。模糊综合评价法将单个指标的模糊评价进行综合集成，形成综合性评价。这种方法更加全面和客观，降低了主观因素对评价结果的影响。实践中首先建立评价指标集、评价集（如优、良、中、差等）；然后采用专家打分法确定评价指标的单因素模糊评价，形成模糊关系矩阵；进而确定各评价指标的权重，最后计算得到模糊综合评价结果。

（3）层次分析法　是将决策步骤层次化，并依次将决策思维分为目标层、准则层和方案层，上层元素对下层元素具有支配作用，通过对各个要素的重要性比较来决策出最佳方案。多数绩效评价将层次分析法与德尔菲法结合，定性与定量并行计算出指标体系的各要素权重。

（4）数据包络分析法　主要考察相对效率，评价多投入、多产出的决策单元的相对有效性。选取某一个决策单元作为被评价单元，由其他决策单元构成群体，确定数学模型并求解，进而计算相对效率并排序。

（5）物元可拓模型法　适用于解决不相容问题，可以说是将数学、思维科学和系统科学思想相融合的产物。物元可拓模型方法是针对各层级、各维度的不相容问题，采用特定的运算模式，将其转为相容结果来量化评价研究，对于高标准农田建设项目效益指标评价体系来说，各绩效维度方向不一，各指标单位层级不一，需要运用此方法将这些非相容部分转化成可比较的数值。

8.2.6.2　绩效评价方法间的比较

（1）专家打分法是一种定性评价方法，一般对人的相关经验以及主观判断都十分依赖，此外，该方法还通常会在项目的综合评价领域中被广泛应用。该种方法可以被成功运用的关键为能否正确地确定相关对照区，这要求有大量的数据进行对比，在很大程度上了加大了难度。

（2）模糊综合评价法应用时，不仅仅要进行严格的定量分析，还要对很多无法用数据进行衡量的现象开展主观定性描述。正是在该原理的基础上，模糊综合评价法有着十分广泛的应用范围，不仅能够适用于主观还能够适用于客观指标。而该方式的最大优点就是可以综合全面的因素来对模糊的现象进行处理，同时，也能够用具体数据来替代人们的主观评价。

（3）层次分析法可以对既有定性也有定量的问题进行全面系统的分析，拥有很强的实用性。但是，该方式也具有很严重的缺点，即十分需要人们依据主观经验来判断，这就会带来很大的局限性。因此，该种方法通常不会单独使用，需要其他方式相结合才会产生科学、可靠的结论。

（4）数据包络分析法主要是将多指标的投入、产出之间的权重当作一种变量，在此基础上进行最优化评价，这就不同于其他方法，仅仅依靠平均数来对权系数进行确定，也使得这种方式有着相当程度的客观性。这种与黑箱类型相似的研究方式就很大程度地提高了这种方式的精准程度。但是，往往对决策单元造成影响的因素都不是单一的，会受很多方面条件的影响。此外，该种方法对相关数据也有很高的要求，在数据库缺失的情况下，运用该方法具有较大的困难。

（5）物元可拓模型法通过单指标关联度确定单指标评价等级，通过综合关联度确定综合评价等级，思路清晰明确，方便可靠。在应用过程中，确定经典域并划分等级十分关键。

绩效评价方法间的比较

评价方法	获取资料难易度	主观性强弱	操作难易程度	应用广泛性
专家打分法	较难	较弱	较难	较弱
模糊综合评价法	容易	较强	容易	强
数据网络分析法	较难	弱	容易	较弱
层次分析法	容易	较强	容易	较强
物元可拓模型法	容易	弱	较容易	较强

8.3 案例研究: 效益绩效评价

8.3.1 建设背景

8.3.1.1 工程建设的必要性

14 个灌区现状水田面积 875.87 万亩, 由于缺乏地表水灌溉基础设施, 地表水灌溉面积仅为 255.87 万亩, 仅占 29.2%, 其余利用地下水灌溉, 造成地下水局部超采。由于当地田间配套工程和部分骨干工程尚未建设和配套, 而地下水可开采量有限, 不能满足大规模发展和改善水田的要求。促进当地经济社会可持续发展和小康社会建设步伐, 减少地下水开采量, 实现地下水采补平衡, 改善生态环境, 建设三江平原灌区田间配套工程是十分必要的。三江平原 14 个灌区范围内现有水田 875.87 万亩, 由于缺乏地表水灌溉基础设施, 主要利用地下水灌溉, 井灌面积占现有面积的 70.8%, 井灌区几乎集中分布于整个灌区。由于灌区内井灌面积的日益加大, 地下水位呈逐年下降趋势。由水文局观测井 2000—2010 年地下水位变幅等值线图分析, 地下水水位平均下降幅度为 0.22~0.31 米。随着国家对商品粮基地建设和粮食生产需求的增加以及价格因素, 当地农民对水稻种植的积极性不断提高, 但由于田间工程配套率较差和部分骨干工程正在建设, 地下水可开采量有限, 如果灌区范围内地下水长期集中开采下去, 地下水位连年下降, 就会加重地下水超采趋势。地下水长期过量开采或将会引起的地下水环境地质灾害 (地面沉降、地面塌陷、地裂缝等) 现象, 为防止地质环境恶化, 改善地下水环境, 应将地下水作为战略资源进行保护性开采。

本次实施的 14 个灌区地下水可开采量 14.05 亿米³, 地下水开采量 27.58 亿米³, 理论计算超采 13.53 亿米³。灌区工程建成后, 地表水替代地下水, 置换地下水面积 634.35 万亩, 减少地下水开采 18.0 亿米³, 达到地下水与地表水采补平衡状态, 区域内地下水下降或超采现象将会得到有效遏制。通过实施三江平原 14 个灌区田间配套工程, 可以有效发挥地表水和地下水效率, 通过联合调度, 实现地下水采补平衡, 改善生态环境。

8.3.1.2 工程建设的迫切性

黑龙江省委省政府高度重视地下水资源保护问题, 省主要领导先后做出了批示, 要求做好地下水压采和管理保护工作。黑龙江省水利厅党组深入贯彻落实张庆伟书记一系列批示和指示要求, 坚持把做好地下水资源保护工作作为深入贯彻落实党的十九大精神和习近平总书记对黑龙江省两次重要讲话精神的重要政治任务。大力推行休耕停水、控灌节水、工程换水"三水"共治措施。通过"限、节、调、调"强力压减井灌稻面积。即政策上强化控制，限制发展；管理上加强节水，少采提效；种植结构上调减井灌，压减面积；水源上要跨区调水，推进置换。实施三江平原14个灌区田间配套工程是实现黑龙江省第一阶段压采地下水的重要工程措施之一，可置换地下水灌溉面积649.35万亩（其中本次工程实施634.35万亩，已实施完成15万亩），压采地下水18.0亿米^3，达到地下水与地表水采补平衡状态，区域内地下水下降或超采现象将会得到有效遏制。为贯彻落实国务院和省委省政府压采地下水改善生态环境的指示精神，完成第一阶段压采目标，加快实施三江平原14个灌区田间配套工程是十分迫切的。

8.3.1.3 工程项目现实需求

规划14个灌区控制灌溉面积1 632.29万亩，其中耕地面积1 107.36万亩。区内现有水田灌溉面积875.87万亩，其中井灌面积620万亩、渠灌面积74.83万亩、井渠结合灌溉面积181.04万亩。列入的三江平原13个灌区（不含湖滨灌区）和富锦市锦西灌区分别位于三江平原东部和腹地。据调查，近20年间，随着井灌稻面积逐年扩大，农户打水田灌溉井由20年前40米深左右，发展到现在的60~70米。由于缺乏地表水灌溉基础设施，长期大量提取地下水进行农田灌溉，现状地下水呈下降趋势。由地下水多年动态变化资料分析，目前地下水下降幅度平均为0.22~0.31米。2017年三江平原14个灌区地下水开采量27.58亿米^3，可开采量14.05亿米^3，超采总量达13.53亿米^3，地下水开发利用程度达到196%，属于三江平原超采区的核心区。如果继续扩大灌溉面积，地下水继续开采下去，地下水超采趋势将会逐年加剧，可能会引起地下水环境恶化。

（1）田间工程存在的问题　一是田间工程配套率低。尽管水利、发改、农开、国土等部门陆续在三江平原灌区和锦西灌区内实施了灌区工程，但这部分面积中，大部分工程由于征地困难等原因，在田间配套设计中多安排在已有沟道及农业措施中，需要配套的田间斗、农渠大部分未列入建设内容，14个灌区中仅青龙山灌区有15万亩田间工程完全配套。由于灌区大部分区域缺少必要的田间配套工程，虽然骨干渠道把地表水输送过来，却无法输送至田间，无法实现地表水灌溉，严重影响骨干工程效益的发挥。只能不断地开采地下水，使地下水超采更加严重。二是田间工程与骨干工程脱节。由于田间工程占地不予补偿，在已批复的斗、农渠施工中，大部分斗、农渠因占地无法解决，不得不进行设计变更，造成规划的田间工程与骨干工程脱节，田间缺地表水输水渠道，不能进行地表水和地下水灌溉。有的灌区即使建设了斗、农渠，也由于与骨干水位衔接不上，造成田间渠系成为机电井的输水渠道，也影响了骨干工程效益的发挥。

（2）骨干工程与已实施的田间工程衔接问题　由于建设投资部门较多，骨干工程和田间工程由不同的部门设计完成，在设计理念、设计标准和设计要求上有所不同，对基础资料的了解和熟悉程度，对灌溉、排水工程和灌排结合的运行模式的理解以及对工程投入运行效果上都有所差别，例如水利部门是从提高工程建成后的灌溉效果、增加灌溉面积的角度进行工程的建设实施，土地部门是从改善土地灌溉条件、地块平整等角度进行的建设实施，从而使工程在衔接上存在差异。因各部门对工程的运行要求不同，故而实施效果也有所差异，诸如有的田间工程无法和骨干渠道水位衔接，部分渠道及建筑物无法满足水量和水位要求；有的渠沟断面建得大于其设计灌溉或排水能力，有的却建小了；有的渠道只是就地势而建，没有考虑其与上、下游渠道的水位衔接，或者考虑了水位衔接，但灌排方向弄反了；还存在原规划为灌溉渠道的，而建成了分水口处挖深较大、沟底较低、末端挖深小、沟底较高、"倒坡"的现象，实现不了灌溉要求等类似问题在项目区内普遍存在。灌区内现有骨干排水工程在除涝方面起到了一定的作用，但是也有一部分工程现状排水标准为 3 年一遇，而田间工程大部分为 5～10 年一遇设计，造成部分沟道淤积严重，部分水位衔接有问题，水流不畅通，缺少必要的交通建筑物。

8.3.2　工程任务与规模

按照国家要求，2020 年和 2030 年黑龙江省地下水利用控制指标分别为131.3 亿米^{3}和 103.3 亿米^3，需分别压减 31.8 亿米^{3}和 59.8 亿米^3。其中，三江平原需分别压减 39.7 亿米^{3}和 59 亿米^3，与黑龙江省总的压减目标基本相当。因此，黑龙江省地下水压采的重点在三江平原地区。

8.3.2.1　工程建设目标

（1）总体目标　2018—2020 年：推广节水灌溉面积 1 560 万亩，压减井灌水稻面积 1 040 万亩（其中，地表水置换井灌水稻面积 640 万亩、休耕和退减井灌水稻面积 400 万亩），压减地下水量 39.7 亿米^3，保证三江平原地下水开采量不超过 2020 年 61.73 亿米^{3}控制指标。2021—2030 年：新增地表水置换井灌水稻面积 922 万亩，新增压减地下水量 18.57 亿米^3，基本保证三江平原地下水开采量不超过 2030 年 42.46 亿米^{3}控制指标。

（2）田间工程建设目标　坚持以习近平总书记及中央领导重要批示和省委省政府关于地下水压采的相关决策部署为指导，以"换水、节水、停水"三水共治措施为手段，以 2020 年完成三江平原 14 处灌区田间工程配套为目标，确保 18.0 亿米^{3}地下水压采任务如期完成。

8.3.2.2　工程建设任务

基本完成三江平原 14 处灌区近期骨干工程和田间配套工程建设，952.35

万亩设计灌溉面积全部达效。青龙山灌区和锦西灌区骨干工程 2020 年底前完成，田间配套工程要同步实施。2020 年底前 14 处灌区田间配套工程全部完成。

8.3.3 评估工作

8.3.3.1 评估对象

纳入本次自评范围的工程为水规计〔2006〕50 号文批准的三江平原 14 处灌区。为了更为细致地执行自评任务，将评估对象具体调整划分为 16 个灌区，即饶河灌区、八五九灌区、勤得利灌区、青龙山灌区（农垦区）、兴凯湖灌区（八五七农场）、兴凯湖灌区（庆丰农场）、三村灌区、临江灌区、虎林灌区、绥滨灌区、二九〇灌区、江萝灌区、德龙灌区、乌苏镇灌区、青龙山灌区（同江片区）、锦西灌区。

8.3.3.2 评估内容

评价内容主要包括任务完成、过程管理、建设绩效三个部分。一是针对任务完成评估时，参考项目后评价管理办法，确认项目规划和实施方案批复的建设任务。二是针对过程管理评估时，收集、整理灌区全过程前期设计，各阶段报告批复，项目计划资金下达、地方资金落实及资金支付等相关财务会计资料，以及项目验收、审计、决算、稽查及检查报告等资料。三是针对建设绩效评价时，对项目任务完成情况、过程管理及建设成就等方面进行项目自评价工作。

8.3.3.3 评估方式

以三江平原 14 处灌区为评价对象，采取自评的方法，通过资料收集分析、现场调查、核实及分析总结等工作，通过数据分析的手段对相关指标进行计算与复核，采用定性与定量相结合、前后对比及有无对比等评估分析方法开展该项目的自评价工作。

8.3.3.4 评估原则

（1）统筹兼顾，突出重点　根据灌区地下水超采情况和田间配套现状，实施重点放在田间工程配套上。充分利用已建和在建的地表水源工程和骨干渠系工程，完善田间工程布局和灌排体系，达到地表水和地下水联合调度，采补平衡。

（2）节约优先，注重保护　按照实施"国家节水行动"的要求，以水定需、量水而行。尊重地下水自然规律，正确处理地下水开发利用与保护的关系，全面推动水资源节约和集约利用，保护地下水资源和生态环境。

（3）控制总量，降低强度　落实最严格水资源管理制度，充分考虑水资源承载能力，实行总量控制、定额管理。加强地下水动态监测，推进地下水水量和水位双控，降低地下水开发利用总量和强度。

（4）加强协调，综合治理　统筹配置地表水、外调水、地下水，协调各行业的用水需求，促进农业结构调整，实现地表水源与地下水源、改造与改革、骨干与田间、灌溉与排水相结合。

（5）政府主导，部门联动　强化各级政府主体责任，明晰地方政府与各部门的责任，统筹协调田间配套工程建设和地下水压采工作；强化水行政主管部门行业指导和相关部门的协调配合。

（6）落实责任，严格监管　明确党委、政府、部门、农场、农村集体经济组织、取用水单位的责任，强化监测监控，推进管理改革和各项基础工作，夯实监督管理的基础。

8.3.4　指标设计

8.3.4.1　指标遴选

（1）定量指标与定性指标　定量指标是指可以准确地以数量定义、精确衡量并能设定效益目标的考核指标。定量指标的评价标准值是衡量该项指标是否符合项目基本要求的评价基准。定性指标是指无法直接通过数据分析评价对象与评价内容，需对评价对象及评价内容进行客观描述来反映评价结果的指标。经济效益为定量指标；社会及生态效益以定性为主，应尽量转化为可统计的定量指标。

（2）共性指标与个性指标　共性指标是适用于基本上所有评价对象的指标，主要包括项目实施及社会效益、经济效益等。共性指标可以按照相关项目的要求设定，如项目目标、建设任务等。个性指标是适用于不同建设项目的评价指标，主要包括可持续影响指标及满意度指标等。个性指标可以针对项目特点设定。主要通过调查问卷、实际考察等方式进行界定。

8.3.4.2　指标设定依据

（1）参照《标准化效益评价 第1部分：经济效益评价通则》（GB/T 3533.1—2017）对经济效益指标进行设置。

（2）参照《标准化效益评价 第2部分：社会效益评价通则》（GB/T 3533.2—2017）对社会效益指标进行设置。

（3）参照《经济、技术政策生态环境影响分析技术指南（试行）》（环办环评函〔2020〕590号）和《环境管理 环境绩效评价指南》（GB/T 24031—2021）对生态效益指标进行设置。

（4）参照《项目支出绩效评价管理办法》（财预〔2020〕10号）对可持续影响指标进行设置。

（5）参照《国务院办公厅关于建立政务服务"好差评"制度提高政务服务水平的意见》（国办发〔2019〕51号）以及《政务服务评价工作指南》（GB/T 39735—2020）对社会公众满意度指标进行设置。

效益指标设定依据

序号	指标名称	设定依据
1	社会效益指标	参照《标准化效益评价 第2部分：社会效益评价通则》(GB/T 3533.2—2017)
2	经济效益指标	参照《标准化效益评价 第1部分：经济效益评价通则》(GB/T 3533.1—2017)
3	生态效益指标	参照《经济、技术政策生态环境影响分析技术指南（试行）》(环办环评函〔2020〕590号)和《环境管理 环境绩效评价指南》(GB/T 24031—2021)
4	可持续发展指标	参照《项目支出绩效评价管理办法》(财预〔2020〕10号)
5	社会公众满意度	参照《国务院办公厅关于建立政务服务"好差评"制度提高政务服务水平的意见》(国办发〔2019〕51号)以及《政务服务评价工作指南》(GB/T 39735—2020)

8.3.4.3 效益指标及权重设计

围绕全面了解东北黑土区三江平原农田配套设施工程建设情况，实现地下水采补平衡、改善生态环境等工作目标，对三江平原14处灌区的田间配套工程开展评估。其评估指标包括4项一级指标、13项二级指标及40个三级指标。

评价综合得分为各评价指标得分加权之和，满分为100分。依据评估指标的重要程度合理设置，原则上将分值权重设定如下：建设质量指标18%、建设管理指标6%、建设绩效指标64%、满意度指标12%。

灌区田间配套工程评估指标

序号	一级指标	二级指标	三级指标
1	建设质量	灌溉排水工程	灌溉设计保证率、排水标准、灌排建筑物使用年限、灌溉水利用效率4个
		土地平整工程	土层厚度、田块标准化2个
		田间道路工程	田间道路通达度、路面修筑标准、道路使用年限3个
		农田防护工程	农田防护标准、农田防护林成活率2个
		农田输配电工程	输电线路配套程度1个
2	建设管理	项目管理	管理制度健全性、项目实施规范性、上图入库3个
		资金管理	资金到位率、预算执行率、资金使用合规性3个
3	建设绩效	经济效益	新增粮食产能、新建旱涝保收农田面积、新增农业产值、减少灌溉用水成本、新增粳稻种植面积5个
		社会效益	农民人均收入增幅、农业综合机械化率提高、转移农村劳动力数量3个
		生态效益	新增湿地面积、地下水回升高度、新增农田林网面积、水土流失治理面积、农田灌溉用水节约量5个
		资源效益	置换地下水灌溉面积、地下水利用减少量、改善地表水灌溉面积、置换地下水量、耕地质量提升等级5个

（续）

序号	一级指标	二级指标	三级指标
4	社会影响	满意度	农民总体满意度、项目受益村集体组织满意度2个
		农村社会生活变化	农村人口变化、农民生活改善2个

（1）建设质量

①灌溉排水工程。灌溉排水工程二级指标包含4个三级指标，即灌溉设计保证率、排水标准、灌排建筑物使用年限、灌溉水利用效率。其中，一是灌溉设计保证率，指水利工程设施在若干年内满足农业灌溉、对水量/水位要求的平均保证程度。二是排水标准，指满足所规定的灌溉排水标准。三是灌排建筑物使用年限，指项目建设后各项工程的质量寿命。四是灌溉水利用效率，指衡量灌区从水源引水到田间作物吸收利用水的过程中水利用程度的一个重要指标。

灌溉排水工程评估指标

二级指标	三级指标	指标说明	标准值	评分方法与规则
灌溉排水工程	灌溉设计保证率	水利工程设施在若干年内满足农业灌溉、对水量/水位要求的平均保证程度	GB/T 30600—2022 与实施规划设计标准所规定的灌溉设计保证率	（1）采用现场调查法、抽样调查法进行自评 （2）参照高标准农田建设标准，评分采用2分制：大于等于80%得2分，大于等于70%小于80%得1分，否则得0分
	排水标准	指满足所规定的灌溉排水标准	实施规划设计标准所规定的排水标准： （1）平原排水采用5年一遇标准设计 （2）坡水采用10年一遇标准设计	（1）采用现场调查法、抽样调查法进行自评 （2）参照高标准农田建设标准，评分采用2分制：满足高标准农田标准得2分，达到高标准农田设计年限1/2得1分，否则得0分
	灌排建筑物使用年限	代指项目建设后各项工程的质量寿命	GB/T 30600—2022 规定的使用年限： （1）旱作区农田排水设计暴雨重现期宜采用5年 （2）水稻区农田排水设计暴雨重现期宜采用10年	（1）采用现场调查法、抽样调查法进行自评 （2）参照高标准农田建设标准，评分采用2分制：满足高标准农田标准得2分，达到高标准农田设计年限1/2得1分，否则得0分
	灌溉水利用效率	衡量灌区从水源引水到田间作物吸收利用水的过程中水利用程度的一个重要指标	GB/T 50363—2018 的灌溉水利用系数规定： （1）小型灌区不应低于0.75 （2）地下水灌区不应低于0.90	（1）采用试验观测法、抽样调查法进行自评 （2）参照高标准农田建设标准，评分采用2分制：满足高标准农田标准得2分，小型灌区达到0.5～0.75或地下水灌区达到0.70得1分，否则得0分

②土地平整工程。土地平整工程二级指标包含2个三级指标，即土层厚度、田块标准化。其中，一是土层厚度，指主要包括耕层厚度及有效土层厚度。当有障碍层时，为障碍层以上的土层厚度。二是田块标准化，指强调规定田块规格和规模要求，且田块集中连片。

土地平整工程评估指标

二级指标	三级指标	指标说明	标准值	评分方法与规则
土地平整工程	土层厚度	土层厚度主要包括耕层厚度及有效土层厚度。当有障碍层时，为障碍层以上的土层厚度	GB/T 30600—2022 规定的厚度年限： (1) 旱地、水浇地≥30 厘米 (2) 水田≥25 厘米	(1) 采用现场调查法、抽样调查法进行自评 (2) 参照高标准农田建设标准，评分采用2分制：当土层厚度均满足高标准农田标准得2分，旱地20～30厘米或水田20～25厘米得1分，否则得0分
	田块标准化	强调规定田块规格和规模要求，且田块集中连片	GB/T 30600—2022 与 NY/T 2148—2012 的规定： (1) 平原低地型：①连片面积≥5 000 亩；②田块面积旱作 300～750 亩，稻作75～150 亩 (2) 漫岗台地型：①连片面积≥5 000 亩；②田块面积旱作≥500 亩	(1) 采用现场调查法、抽样调查法进行自评 (2) 参照高标准农田建设标准，评分采用2分制：满足高标准农田建设标准得2分，达到高标准农田建设标准80%得1分，否则得0分

③田间道路工程。田间道路工程二级指标包含3个三级指标，即田间道路通达度、路面修筑标准、道路使用年限。其中，一是田间道路通达度，指田间道路直接通达的耕作田的数值比重。二是路面修筑标准，指 GB/T 30600 及各省标准规定的道路修筑标准。三是道路使用年限，指项目建设后，道路工程质量的使用寿命。

田间道路工程评估指标

二级指标	三级指标	指标说明	标准值	评分方法与规则
田间道路工程	田间道路通达度	指田间道路直接通达的耕作田的数值比重	GB/T 30600—2022 的规定： (1) 平原区 100% (2) 丘陵漫岗区≥90%	(1) 采用现场调查法、抽样调查法进行评价 (2) 参照高标准农田建设标准，评分采用1分制：满足高标准农田建设标准得1分，否则得0分

（续）

二级指标	三级指标	指标说明	标准值	评分方法与规则
田间道路工程	路面修筑标准	指 GB/T 30600 及各省标准规定的道路修筑标准	GB/T 30600—2022 的规定： （1）机耕路宜宽为 4～6 米 （2）生产路宽≤3 米	（1）采用现场调查法、抽样调查法进行自评 （2）参照高标准农田建设标准，评分采用 1 分制：满足高标准农田建设标准得 1 分，不满足标准的得 0 分
	道路使用年限	指项目建设后，道路工程质量的使用寿命	GB/T 30600—2022 的规定：质量寿命为 15 年	（1）采用现场调查法、抽样调查法进行自评 （2）参照高标准农田建设标准，评分采用 1 分制：当抽查的道路工程均能够正常使用且无安全隐患时得 1 分，否则得 0 分

④农田防护工程。农田防护工程二级指标包含 2 个三级指标，即农田防护标准、农田防护林成活率。其中，一是农田防护标准，指包括农田防风、防止水土流失、农田防洪等规定，改善农田生态环境。二是农田防护林成活率，指各类农田防护林成活率高，林相合整齐、结构合理。

农田防护工程评估指标

二级指标	三级指标	指标说明	标准值	评分方法与规则
农田防护工程	农田防护标准	包括农田防风、防止水土流失、农田防洪等规定，改善农田生态环境	GB/T 30600—2022 的规定：农田防护面积比例≥85％	（1）采用现场调查法、抽样调查法进行自评 （2）参照高标准农田建设标准，评分采用 1 分制：当抽查的农田防护面积比例达到 85％以上得 1 分，否则得 0 分
	农田防护林成活率	指各类农田防护林成活率高，林相合整齐、结构合理	GB/T 30600—2022 的规定：农田防护林造林成活率应达到 90％以上	（1）采用现场调查法、抽样调查法进行自评 （2）评分采用 1 分制：农田防护林成活率达到 80％得 1 分，否则得 0 分

⑤农田输配电工程。农田输配电工程二级指标，仅包含 1 个输电线路配套程度三级指标。其主要指农田输电线路的配套率和标准。

农田输配电工程评估指标

二级指标	三级指标	指标说明	标准值	评分方法与规则
农田输配电工程	输电线路配套程度	指农田输电线路的配套率和标准	DL/T 5118农村电力网规划设计导则	（1）采用现场调查法、抽样调查法进行评价 （2）评分采用1分制：农田输电线路配套率达到85%以上得1分，否则得0分

（2）建设管理

①项目管理。项目管理二级指标包含3个三级指标，即管理制度健全性、项目实施规范性、上图入库。其中，一是管理制度健全性，指各级农田建设补助资金项目实施是否建立了完善的制度体系及工作机制。二是项目实施规范性，指地方层面项目管理是否按照各项管理制度和要求规范执行。三是上图入库，指地方层面是否依据真实数据，及时完成上图入库工作。

项目管理评估指标

二级指标	三级指标	指标说明	标准值	评分方法与规则
项目管理	管理制度健全性	各级农田建设补助资金项目实施是否建立了完善的制度体系及工作机制	根据项目区域农田基本现状设计实施方案，设计方案中对于拟解决的问题、实施内容、质量标准及实施程序等内容阐述全面且内容合理	（1）采用内业审核进行评价 （2）评分采用1分制：根据项目实际现状设计方案，内容阐述全面且合理，得1分；未按照实际设定，或内容不完善、不合理，得0分
	项目实施规范性	地方层面项目管理是否按照各项管理制度和要求规范执行	（1）项目的设计、申报、审批及公示符合相关规定 （2）项目政府采购、合同及工程监管等环节符合规定 （3）项目验收程序及内容符合相关标准 （4）项目竣工验收后，及时办理交付手续，明确工程管护主体	（1）采用内业审核进行评价 （2）评分采用1分制：项目按照各项管理制度和要求规范执行得1分，否则得0分
	上图入库	地方层面是否依据真实数据，及时完成上图入库工作	（1）依据实际真实数据准确入库 （2）未存在新旧项目区重叠 （3）项目区内不存在非耕地类等问题	（1）采用内业审核进行评价 （2）评分采用1分制：及时完成上图入库工作，且数据真实准确得1分，否则得0分

②资金管理。资金管理二级指标包含 3 个三级指标，即资金到位率、预算执行率、资金使用合规性。其中，一是资金到位率，指一定时期（本年度或项目期）内实际落实到具体项目的资金情况。二是预算执行率，指县级年度具体预算执行情况。三是资金使用合规性，指地方层面资金使用是否合规。

资金管理评估指标

二级指标	三级指标	指标说明	标准值	评分方法与规则
资金管理	资金到位率	一定时期（本年度或项目期）内实际落实到具体项目的资金情况	项目资金及时足额拨付及落实到位	（1）采用内业审核进行评价 （2）资金到位率达 90% 得 1 分，否则得 0 分
	预算执行率	县级年度具体预算执行情况	2017—2021 年度工程资金预算执行情况	（1）采用内业审核进行评价 （2）预算执行率达 90% 得 1 分，否则得 0 分
	资金使用合规性	地方层面资金使用是否合规	（1）资金不存在挤占、挪用、截留情况 （2）按照国库集中支付制度支付资金 （3）资金支付方向及进度与合同约定相符 （4）管理费支出内容及所占比例符合资金管理办法要求	（1）采用内业审核进行评价 （2）地方符合资金使用合法合规得 1 分，否则得 0 分

（3）建设绩效

①经济效益指标。经济效益二级指标包含 5 个三级指标，即新增粮食产能、建成旱涝保收农田面积、新增农业产值、减少灌溉用水成本、新增粳稻种植面积。其中，一是新增粮食产能，指经建设前后比较，某一种作物在项目区内耕地上实际增加的粮食产量。粮食作物可选用小麦、水稻、玉米。二是建成旱涝保收农田面积，指满足灌溉设计保证率目标下的耕地面积。三是新增农业产值，指经建设前后比较，耕地从事农业生产时实际新增的农业产值。四是减少灌溉用水成本，指经建设前后比较，项目区内单位耕地灌溉时实际减少的成本。五是新增粳稻种植面积，指经建设前后比较，耕地从事农业生产时实际新增的粳稻种植面积。

经济效益评估指标

二级指标	三级指标	指标说明	标准值	评分方法与规则
经济效益	新增粮食产能	经建设前后比较，某一种作物在项目区内耕地上实际增加的粮食产量。粮食作物可选用小麦、水稻、玉米	满足 GB/T 30600—2022 的产能参考值规定：稻谷7 800千克/公顷、小麦 3 900千克/公顷、玉米7 050千克/公顷	（1）采用问卷调查法、抽样调查法进行自评 （2）评分采用3分制，即根据产能提升程度评分：达到或超过目标产能标准得3分，达到目标产能标准85％得2分，达到目标产能标准70％得1分，否则得0分
	建成旱涝保收农田面积	指满足灌溉设计保证率目标下的耕地面积	满足 GB/T 30600—2022 的耕地灌溉保证率≥80％规定	（1）采用资料查阅法、现场调查法进行自评 （2）评分采用3分制，即根据旱涝保收农田面积评分：新增50％及以上得3分，新增30％得2分，新增10％以上得1分，否则得0分
	新增农业产值	经建设前后比较，耕地从事农业生产时实际新增的农业产值	以 2017 年（建成前）为对照组，获取新增农业产值	（1）采用问卷调查法、抽样调查法进行自评。一个项目区选取的样地数不少于3个 （2）评分采用3分制，即根据农村产业增加值评分：20％以上得3分，10％以上得2分，5％以上得1分，否则得0分
	减少灌溉用水成本	经建设前后比较，项目区内单位耕地灌溉时实际减少的成本	以 2017 年（建成前）为对照组，获取减少的灌溉用水成本	（1）采用问卷调查法、抽样调查法进行自评。一个项目区选取的样地数不少于10个 （2）评分采用3分制，即根据成本评分：成本节约30％以上得3分，成本节约 20％以上得2分，成本节约10％以上得1分，否则得0分
	新增粳稻种植面积	经建设前后比较，耕地从事农业生产时实际新增的粳稻种植面积	以 2017 年（建成前）为对照组，获取新增粳稻种植面积	（1）采用问卷调查法、抽样调查法进行自评 （2）评分采用3分制，即根据粳稻种植面积增加值得分：50％以上得3分，30％以上得2分，10％以上得1分，否则得0分

②社会效益指标。社会效益二级指标包含3个三级指标，即农民人均收入增幅、农业综合机械化率提高值、转移农村劳动力数量。其中，一是农民人均

收入增幅，指经建设前后比较，项目区内人均增加总的农业净收入。二是农业综合机械化率提高值，指经建设前后比较，项目区农业综合机械化率的提高程度。农业综合机械化应同时满足机械在田间从事耕作、播种、收割等工作。三是转移农村劳动力数量，指经建设前后比较，项目区土地流转、农业综合机械化程度提高后，实际转移出的农村劳动力数。

社会效益评估指标

二级指标	三级指标	指标说明	标准值	评分方法与规则
社会效益	农民人均收入增幅	经建设前后比较，项目区内人均增加总的农业净收入	以2017年（建成前）为对照组，获取农民人均增幅	（1）采用问卷调查法、抽样调查法进行自评 （2）评分采用3分制，即根据农民收入年均增加值得分：20%以上得3分，10%以上得2分，5%以上得1分，否则得0分
	农业综合机械化率提高值	经建设前后比较，项目区农业综合机械化率的提高程度。农业综合机械化应同时满足机械在田间从事耕作、播种、收割等工作	以2017年（建成前）为对照组，获取机械化率提高值	（1）采用问卷调查法、抽样调查法进行自评 （2）评分采用3分制，即根据农业综合机械化率提高值评分：30%以上得3分，20%以上得2分，10%以上得1分，否则得0分
	转移农村劳动力数量	经建设前后比较，项目区土地流转、农业综合机械化程度提高后，实际转移出的农村劳动力数	以2017年（建成前）为对照组，获取转移农村劳动力数	（1）采用问卷调查法、抽样调查法进行自评 （2）评分采用3分制，即根据转移劳动力评分：30%以上得3分，20%以上得2分，10%以上得1分，否则得0分

③生态效益指标。生态效益二级指标包含5个三级指标，即新增湿地面积、地下水回升高度、新增农田林网面积、水土流失治理面积、农田灌溉用水节约量。其中，一是新增湿地面积，指经建设前后比较，项目区实际增加湿地的面积。二是地下水回升高度，指经建设前后比较，项目区实际地下水回升的高度。三是新增农田林网面积，指经建设前后比较，项目区实际增加林网的面积。四是水土流失治理面积，指项目建设后，项目区达到水土流失治理标准的土地面积。即按照水土流失防治标准，各项工程措施和生物措施所防护治理的面积。五是农田灌溉用水节约量，指针对某一类型的灌溉方式，经建设前后比较，项目区农业用水量的减小值。

生态效益评估指标

二级指标	三级指标	指标说明	标准值	评分方法与规则
生态效益	新增湿地面积	经建设前后比较，项目区实际增加湿地的面积	以2017年（建成前）为对照组，获取新增湿地的面积	（1）采用问卷调查法、抽样调查法进行自评 （2）评分采用3分制，即根据新增湿地面积评分：5%以上得3分，2%以上得2分，1%以上得1分，否则得0分
	地下水回升高度	经建设前后比较，项目区实际地下水回升的高度	以2017年（建成前）为对照组，获取地下水所回升的高度	（1）采用问卷调查法、抽样调查法进行自评 （2）评分采用3分制，即根据地下水回升高度评分：监测地下水位回升得3分，地下水位基本不变得2分，否则得0分
	新增农田林网面积	经建设前后比较，项目区实际增加林网的面积	以2017年（建成前）为对照组，获取所增加林网的面积	（1）通过查阅有关资料、现状调查进行自评 （2）评分采用3分制，即根据新增林网面积评分：20%以上得3分，10%以上得2分，5%以上得1分，否则得0分
	水土流失治理面积	项目建设后，项目区达到水土流失治理标准的土地面积。即按照水土流失防治标准，各项工程措施和生物措施所防护治理的面积	依据实地调研数据进行衡量	（1）通过查阅有关资料、现状调查进行自评 （2）评分采用3分制，即根据水土流失治理面积评分：90%以上得3分，70%以上得2分，50%以上得1分，否则得0分
	农田灌溉用水节约量	针对某一类型的灌溉方式，经建设前后比较，项目区农业用水量的减小值	以2017年（建成前）为对照组，获取农田灌溉所节约的水量	（1）通过查阅有关资料、现状调查进行自评 （2）评分采用3分制，即根据农田灌溉用水节约用水量评分：30%以上得3分，20%以上得2分，10%以上得1分，否则得0分

④可持续影响指标。可持续影响二级指标包含5个三级指标，即置换地下水灌溉面积、地下水利用量减少量、改善地表水灌溉面积、置换地下水量、耕地质量提升等级。其中，一是置换地下水灌溉面积，指经建设前后比较，项目区置换的地下水灌溉面积。二是地下水利用量减少量，指经建设前后比较，项目区地下水利用量的减少值。三是改善地表水灌溉面积，指经建设前后比较，项目区改善地表水的灌溉面积。四是置换地下水量，指经建设前后比较，项目

区置换地下水量。五是耕地质量提升等级，指对于同一地块，在评价因子相同的情况下，建设前后耕地质量等别（等级）发生的变化值。

可持续影响评估指标

二级指标	三级指标	指标说明	标准值	评分方法与规则
可持续影响	置换地下水灌溉面积	经建设前后比较，项目区置换的地下水灌溉面积	以项目规划设计置换地下水灌溉面积目标值为对照组，获取实际所置换的地下水灌溉面积	（1）通过查阅有关资料、现状调查进行自评 （2）参照目标值 649.35 万亩进行比对，评分采用 5 分制。即根据目标完成程度评分：目标全部实现得 5 分，实现 80% 得 3 分，实现 60% 得 1 分，否则得 0 分
	地下水利用量减少量	经建设前后比较，项目区地下水利用量的减小值	以 2017 年（建成前）为对照组，获取地下水利用所减少的水量	（1）通过查阅有关资料、现状调查进行自评 （2）评分采用 5 分制，即根据目标完成程度评分：目标全部实现得 5 分，实现 80% 得 3 分，实现 60% 得 1 分，否则得 0 分
	改善地表水灌溉面积	经建设前后比较，项目区改善地表水的灌溉面积	以项目规划设计改善地表水灌溉面积目标值为对照组，获取实际地表水所改善的面积	（1）通过查阅有关资料、现状调查进行自评 （2）参照目标值 285.54 万亩进行比对，评分采用 5 分制，即根据目标完成程度评分：目标全部实现得 5 分，实现 80% 得 3 分，实现 60% 得 1 分，否则得 0 分
	置换地下水量	经建设前后比较，项目区置换地下水量	以项目规划设计置换地下水量为对照组，获取实际所置换地下水量	（1）通过查阅有关资料、现状调查进行自评 （2）参照目标值 180 100 万米^{3}进行比对，评分采用 5 分制，即根据目标完成程度评分：目标全部实现得 5 分，实现 80% 得 3 分，实现 60% 得 1 分，否则得 0 分
	耕地质量提升等级	对于同一地块，在评价因子相同的情况下，建设前后耕地质量等别（等级）发生的变化值	满足 GB/T 30600—2022 的规定：宜达到 3.5 等以上	（1）通过查阅有关资料、现状调查进行自评 （2）评分采用 5 分制，即根据目标完成程度评分：目标全部实现得 5 分，实现 80% 得 3 分，实现 60% 得 1 分，否则得 0 分

（4）社会影响

①社会公众满意度。满意度二级指标包含 2 个三级指标，即农民总体满意度、项目受益村集体组织满意度。其中，一是农民总体满意度，指项目建设后，村民对项目总体的满意程度。二是项目受益村集体组织满意度，指项目建设后，受益村集体对项目的满意程度。

社会公众满意度评估指标

二级指标	三级指标	指标说明	标准值	评分方法与规则
社会公众满意度	农民总体满意度	项目建设后，村民对项目总体的满意程度	依据实地调研数据进行衡量	（1）通过问卷调查，分析农民对工程总体满意程度。调查人员为项目区成年人（18 岁以上） （2）评分采用 3 分制。即当调查满意的人数占调查总人数的比值评分：超过 90% 得 3 分，80% 得 2 分，70% 得 1 分，否则得 0 分
	项目受益村集体组织满意度	项目建设后，受益村集体对项目的满意程度	依据实地调研数据进行衡量	（1）通过问卷调查，分析受益村集体对工程满意程度。调查人员为项目区成年人（18 岁以上） （2）评分采用 3 分制。即当调查满意的人数占调查总人数的比值评分：超过 90% 得 3 分，80% 得 2 分，70% 得 1 分，否则得 0 分

②农村社会变化。农村社会变化二级指标包含 2 个三级指标，即农村人口变化、农民生活改善。其中，一是农村人口变化，指项目实施前后农村人口变化情况。二是农民生活改善，指项目实施前后农民生活水平变化。

农村社会变化评估指标

二级指标	三级指标	指标说明	标准值	评分方法与规则
农村社会变化	农村人口变化	项目实施前后农村人口变化情况	依据实地调研和村镇统计数据进行衡量	（1）通过调查和统计分析，分析项目区内农村人口变化情况 （2）评分采用 3 分制。即当农村常住人口基本不变得 3 分，减少 15% 以内得 2 分，减少 30% 以内得 1 分，否则得 0 分

（续）

二级指标	三级指标	指标说明	标准值	评分方法与规则
农村社会变化	农民生活改善	项目实施前后农民生活水平变化	依据实地调研数据进行衡量	（1）基于实地调查和农户访谈评判 （2）评分采用3分制。即农民生活有显著改善得3分，农民生活有所改善得2分，农民生活改善不明显得1分

8.3.5　评估流程

评估工作计划分五个阶段进行，具体安排如下：

（1）资料准备与自评估阶段　发函黑龙江农业农村厅、水利厅，开展三江平原灌区田间配套工程建设情况自评估工作，重点总结项目完成情况、取得的主要绩效及存在的主要问题。同时，收集整理项目规划建设情况与实施绩效相关资料与证明材料。

（2）内业资料比对与检查阶段　组织专家分析评价自评估报告，核查比对相关证明材料，查找可能存在的主要问题与区域。内业核查以遥感影像和举证照片为依据，采用计算机自动比对和人机交互检查方法，进行逐图斑内业比对，检查图斑、边界与影像及举证照片的一致性。根据查找出的问题，确定2～4个外业实地核查县。

（3）外业实地核查与座谈阶段　组织专家开展外业实地核查，评估组对工程区对重点县区、重点地类图斑，进行外业实地核查，核查建设内容的真实性，调查工程实施效果及使用主体的满意度。召开评估座谈交流会，听取省、市、县有关部门主要负责人报告灌区建设总体情况、存在问题及建议，评估组根据前期实地调研情况、汇报情况进行质询，深入了解已经取得的主要绩效、存在问题以及未来需求。

（4）总结反馈与报告撰写阶段　结合外业实地核验，评价组对内、外业中存在疑问的图斑进一步核实，对灌区的自评调查结果进行修正，重新进行测评得分，总结梳理主要问题，并反馈地方予以确认。组织召开评估工作总结交流会，形成评估结果共识，撰写评估报告。

8.3.6　绩效分析

8.3.6.1　工程总体绩效

三江平原灌区田间配套工程共规划批复设计灌区面积699.715万亩，受益灌溉总面积 622.355 万亩。灌区建设质量满足设计要求，建设管理合理规范，资金使用合规，经济效益、社会效益、生态效益、资源效益达到建设目标任务，社会影响良好。工程总体绩效具体如下：

一是对于经济效益，每年可新增旱涝保收农田面积 179.505 万亩，新增农业产值 151 912.26 万元，农业产值增加率达 20.52%，农民人均收入增加 5 904.40 元。新增粳稻种植面积 58.585 万亩，新增粮食产能 88 683.41 万公斤，增加率 26.41%；减少灌溉用水成本 8 571.91 万元，节约率达 32.67%。二是对于社会效益，农民人均收入增加 5 904.40 元，增幅 38.72%；转移农村劳动力 12 334 人，转移率 17.94%；农业综合机械化率提高 21.83%。三是对于生态效益，可治理水土流失 2.07 万亩，治理率超过 20%；农田灌溉用水量由减少 58 334.47 万米^3，节约率 23.41%。四是对于资源效益，可实现置换地下水灌溉面积 458.645 万亩，改善地表水灌溉面积 163.71 万亩，置换地下水量 15.64 亿米^3。

灌区田间配套工程总体绩效

综合绩效	具体分析
经济效益	（1）新增旱涝保收农田面积 179.505 万亩 （2）新增农业产值 151 912.26 万元 （3）农业产值增加率达 20.52% （4）新增粳稻种植面积 58.585 万亩 （5）新增粮食产能 88 683.41 万公斤，增加率 26.41% （6）减少灌溉用水成本 8 571.91 万元，节约率达 32.67%
社会效益	（1）农民人均收入增加 5 904.40 元，增幅 38.72% （2）转移农村劳动力 12 334 人，转移率 17.94% （3）农业综合机械化率提高 21.83%
生态效益	（1）治理水土流失 2.07 万亩，治理率超过 20% （2）农田灌溉用水量由减少 58 334.47 万米^3，节约率 23.41%
资源效益	（1）置换地下水灌溉面积 458.645 万亩 （2）改善地表水灌溉面积 163.71 万亩 （3）置换地下水量 15.64 亿米^3

就各灌区的目标实现程度分析，资源效益的目标实现程度较高。其中，置换地下水灌溉面积、改善地表水灌溉面积、置换地下水用量置换率高于 60% 的灌区数量分别为 13 个、14 个、14 个。而各灌区经济效益的目标实现程度差异较大，尤其是新建旱涝保收面积增加率。其中，德龙灌区增加率高达 809.23%，乌苏镇灌区增加率仅为 30%。

灌区田间配套工程目标实现程度

序号	效益指标	灌区	目标实现程度
1	经济效益	新增粮食产能	(1) 增加率低于20%，灌区数量为8个 (2) 增加率高于20%（包含20%在内），灌区数量为6个
		新建旱涝保收田	(1) 增加率低于100%，灌区数量为3个 (2) 增加率高于100%，灌区数量为10个
		新增农业产值	(1) 增加率低于20%，灌区数量为6个 (2) 增加率高于20%（包含20%在内），灌区数量为9个
		减少灌溉用水成本	(1) 节约率低于30%，灌区数量为4个 (2) 节约率高于30%，灌区数量为6个
		新增粳稻种植面积	(1) 增加率低于100%，灌区数量为3个 (2) 增加率高于100%，灌区数量为3个
2	社会效益	农民人均收入	(1) 增幅低于20%，灌区数量为3个 (2) 增幅高于20%（包含20%在内），灌区数量为12个
		农业综合机械化率	(1) 增加率低于60%，灌区数量为3个 (2) 增加率高于60%，灌区数量为6个
		转移农村劳动力	(1) 转移率低于20%，灌区数量为4个 (2) 转移率高于20%，灌区数量为4个
3	生态效益	地下水回升	(1) 回升低于1米，灌区数量为2个 (2) 回升超过1米（包含1米），灌区数量为5个
		水土流失治理率	治理率高于20%（包含20%），灌区数量为7个
4	资源效益	置换地下水灌溉率	灌溉率高于60%（包含60%），灌区数量为13个
		改善地表水灌溉面积	改善率高于60%（包含60%），灌区数量为14个
		置换地下水用量	置换率高于60%（包含60%），灌区数量为14个
5	满意度	农民总体满意度	满意度高于90%，灌区数量为15个
		项目受益村集体满意度	满意度高于90%，灌区数量为14个
		农村人口减少率	减少率低于15%，灌区数量为12个

8.3.6.2 分灌区建设绩效

（1）饶河灌区 工程建成后，年新增粮食产能95.5万公斤，增加率20%；新建旱涝保收田0.255万亩，增加率36.43%；新增农业产值228.2万元，增加率19.91%；减少灌溉用水成本9.55万元，节约率33.33%；新增粳稻种植面积0.255万亩，增加率36.43%；农民人均收入增加3 275元，增幅20%；农业综合机械化率提高36.43%；水土流失治理率超过20%；置换地下水灌溉率超过60%；改善地表水灌溉面积16.88万亩，改善率超过60%；置换地下水用量343万米，³ 置换率77.78%；农民总体满意度94%；项目受益村集体满意度100%；农村人口减少率低于15%。

饶河灌区田间配套工程建设绩效

综合绩效		具体分析
建设效益	经济效益	(1) 年新增粮食产能 95.5 万公斤，增加率 20％ (2) 新建旱涝保收田 0.255 万亩，增加率 36.43％ (3) 新增农业产值 228.2 万元，增加率 19.91％ (4) 减少灌溉用水成本 9.55 万元，节约率 33.33％ (5) 新增粳稻种植面积 0.255 万亩，增加率 36.43％
	社会效益	(1) 农民人均收入增加 3 275 元，增幅 20％ (2) 农业综合机械化率提高 36.43％
	生态效益	水土流失治理率超过 20％
	资源效益	(1) 置换地下水灌溉率超过 60％ (2) 改善地表水灌溉面积 16.88 万亩，改善率超过 60％ (3) 置换地下水用量 343 万米^3，置换率 77.78％
社会影响		(1) 农民总体满意度 94％ (2) 项目受益村集体满意度 100％ (3) 农村人口减少率低于 15％

（2）八五九灌区　工程建成后，年新增粮食产能 1 494 万公斤，增加率 16％；新建旱涝保收田 11.47 万亩，增加率超过 100％；新增农业产值 1 961 万元，增加率 10％；减少灌溉用水成本 186.8 万元，节约率 33.33％；新增粳稻种植面积 11.47 万亩，增加率超过 100％；农民人均收入增加 4 448 元，增幅 25％；水土流失治理率超过 20％；置换地下水灌溉率超过 60％；改善地表水灌溉面积 11.57 万亩，改善率超过 60％；置换地下水用量 3 717 万米^3，置换率超过 80％；农民总体满意度 96％；项目受益村集体满意度 100％；农村人口减少率低于 15％。

八五九灌区田间配套工程建设绩效

综合绩效		具体分析
建设效益	经济效益	(1) 年新增粮食产能 1 494 万公斤，增加率 16％ (2) 新建旱涝保收田 11.47 万亩，增加率超过 100％ (3) 新增农业产值 1 961 万元，增加率 10％ (4) 减少灌溉用水成本 186.8 万元，节约率 33.33％ (5) 新增粳稻种植面积 11.47 万亩，增加率超过 100％
	社会效益	农民人均收入增加 4 448 元，增幅 25％
	生态效益	水土流失治理率超过 20％
	资源效益	(1) 置换地下水灌溉率超过 60％ (2) 改善地表水灌溉面积 11.57 万亩，改善率超过 60％ (3) 置换地下水用量 3 717 万米^3，置换率超过 80％

（续）

综合绩效	具体分析
社会影响	（1）农民总体满意度 96％ （2）项目受益村集体满意度 100％ （3）农村人口减少率低于 15％

（3）勤得利灌区　工程建成后，年新增粮食产能 2 243.5 万公斤，增加率 9.09％；新增农业产值 1 221.28 万元，增加率 11.20％；减少灌溉用水成本 144.2 万元，节约率 44.44％；农民人均收入增加 4 158 元，增幅 22％；农业综合机械化率提高 100％；转移农村劳动力 330 人，转移率 10.46％；置换地下水灌溉率超过 60％；改善地表水灌溉面积 34.58 万亩，改善率 100％；置换地下水用量 2 800 万米^3，置换率 100％；农民总体满意度 95％；农村人口减少率低于 15％。

勤得利灌区田间配套工程建设绩效

综合绩效		具体分析
建设效益	经济效益	（1）年新增粮食产能 2 243.5 万公斤，增加率 9.09％ （2）新增农业产值 1 221.28 万元，增加率 11.20％ （3）减少灌溉用水成本 144.2 万元，节约率 44.44％
	社会效益	（1）农民人均收入增加 4 158 元，增幅 22％ （2）农业综合机械化率提高 100％ （3）转移农村劳动力 330 人，转移率 10.46％
	生态效益	无
	资源效益	（1）置换地下水灌溉率超过 60％ （2）改善地表水灌溉面积 34.58 万亩，改善率 100％ （3）置换地下水用量 2 800 万米^3，置换率 100％
社会影响		（1）农民总体满意度 95％ （2）农村人口减少率低于 15％

（4）青龙山灌区（农垦区）　工程建成后，年新增粮食产能 28 453 万公斤，增加率 20％；新增农业产值 75 400 万元，增加率 20％；减少灌溉用水成本 7 113.25 万元，节约率 35.71％；农民人均收入增加 10 670 元，增幅超过 100％；转移农村劳动力 3 188 人，转移率 31.81％；置换地下水灌溉率超过 80％；改善地表水灌溉面积 232.99 万亩，改善率超过 80％；置换地下水用量 60 268 万米^3，置换率超过 80％；农民总体满意度 99.18％；项目受益村集体满意度 100％；农村人口减少率低于 15％。

青龙山灌区（农垦区）田间配套工程建设绩效

综合绩效		具体分析
建设效益	经济效益	(1) 年新增粮食产能 28 453 万公斤，增加率 20% (2) 新增农业产值 75 400 万元，增加率 20% (3) 减少灌溉用水成本 7 113.25 万元，节约率 35.71%
	社会效益	(1) 农民人均收入增加 10 670 元，增幅超过 100% (2) 转移农村劳动力 3 188 人，转移率 31.81%
	生态效益	无
	资源效益	(1) 置换地下水灌溉率超过 80% (2) 改善地表水灌溉面积 232.99 万亩，改善率超过 80% (3) 置换地下水用量 60 268 万米^3，置换率超过 80%
社会影响		(1) 农民总体满意度 99.18% (2) 项目受益村集体满意度 100% (3) 农村人口减少率低于 15%

（5）兴凯湖灌区（八五七农场）　工程建成后，新建旱涝保收田 4.65 万亩，增加率 42.47%；农业产值增加率 42.47%；减少灌溉用水成本 116.83 万元，节约率 33.14%；新增粳稻种植面积 4.5 万亩，增加率 40.54%；农民人均收入增加 2 211 元，增幅 9.38%；农业综合机械化率提高 41.82%；转移农村劳动力 93 人，转移率 25.20%；地下水回升 1 米；水土流失治理率超过 20%；置换地下水灌溉率 100%；改善地表水灌溉面积 4.65 万亩，改善率 100%；置换地下水用量 1 305 万米^3，置换率 100%；农民总体满意度 100%；项目受益村集体满意度 100%。

兴凯湖灌区（八五七农场）田间配套工程建设绩效

综合绩效		具体分析
建设效益	经济效益	(1) 新建旱涝保收田 4.65 万亩，增加率 42.47% (2) 农业产值增加率 42.47% (3) 减少灌溉用水成本 116.83 万元，节约率 33.14% (4) 新增粳稻种植面积 4.5 万亩，增加率 40.54%
	社会效益	(1) 农民人均收入增加 2 211 元，增幅 9.38% (2) 农业综合机械化率提高 41.82% (3) 转移农村劳动力 93 人，转移率 25.20%
	生态效益	(1) 地下水回升 1 米 (2) 水土流失治理率超过 20%
	资源效益	(1) 置换地下水灌溉率 100% (2) 改善地表水灌溉面积 4.65 万亩，改善率 100% (3) 置换地下水用量 1 305 万米^3，置换率 100%
社会影响		(1) 农民总体满意度 100% (2) 项目受益村集体满意度 100%

（6）兴凯湖灌区（庆丰农场）　工程建成后，年新增粮食产能 579.3 万公斤，增加率 5.36%；新建旱涝保收田 20 万亩，增加率超过 100%；新增农业产值 2 703 万元，增加率 2.7%；减少灌溉用水成本 290 万元，节约率 24.45%；新增粳稻种植面积 20 万亩，增加率超过 100%；农民人均收入增加 7 439 元，增幅 90.72%；农业综合机械化率提高 100%；转移农村劳动力 109 人，转移率 11.18%；地下水回升 2 米；水土流失治理率超过 20%；置换地下水灌溉率 100%；改善地表水灌溉面积 19.31 万亩，改善率 100%；置换地下水用量 5 416 万米^3，置换率 100%；农民总体满意度 100%；项目受益村集体满意度 100%。

兴凯湖灌区（庆丰农场）田间配套工程建设绩效

综合绩效		具体分析
建设效益	经济效益	（1）年新增粮食产能 579.3 万公斤，增加率 5.36% （2）新建旱涝保收田 20 万亩，增加率超过 100% （3）新增农业产值 2 703 万元，增加率 2.7% （4）减少灌溉用水成本 290 万元，节约率 24.45% （5）新增粳稻种植面积 20 万亩，增加率超过 100%
	社会效益	（1）农民人均收入增加 7 439 元，增幅 90.72% （2）农业综合机械化率提高 100% （3）转移农村劳动力 109 人，转移率 11.18%
	生态效益	（1）地下水回升 2 米 （2）水土流失治理率超过 20%
	资源效益	（1）置换地下水灌溉率 100% （2）改善地表水灌溉面积 19.31 万亩，改善率 100% （3）置换地下水用量 5 416 万米^3，置换率 100%
社会影响		（1）农民总体满意度 100% （2）项目受益村集体满意度 100%

（7）三村灌区　工程建成后，年新增粮食产能 1 724.06 万公斤，增加率 12.31%；新建旱涝保收田 8.31 万亩，增加率超过 100%；新增农业产值 8 730.28 万元，增加率 34.68%；农民人均收入增加 5 050 元，增幅 42.8%；转移农村劳动力 536 人，转移率 11.84%；地下水回升 1 米；改善地表水灌溉面积 18.44 万亩，改善率 100%；置换地下水用量 487.2 万米^3，置换率 100%；农民总体满意度 93.48%；项目受益村集体满意度 95.33%；农村人口减少率低于 15%。

三村灌区田间配套工程建设绩效

综合绩效		具体分析
建设效益	经济效益	（1）年新增粮食产能 1 724.06 万公斤，增加率 12.31% （2）新建旱涝保收田 8.31 万亩，增加率超过 100% （3）新增农业产值 8 730.28 万元，增加率 34.68%

（续）

综合绩效		具体分析
建设效益	社会效益	（1）农民人均收入增加 5 050 元，增幅 42.8% （2）转移农村劳动力 536 人，转移率 11.84%
	生态效益	地下水回升 1 米
	资源效益	（1）置换地下水灌溉率超过 60% （2）改善地表水灌溉面积 18.44 万亩，改善率 100% （3）置换地下水用量 487.2 万米³，置换率 100%
社会影响		（1）农民总体满意度 93.48% （2）项目受益村集体满意度 95.33% （3）农村人口减少率低于 15%

（8）临江灌区　工程建成后，年新增粮食产能 495 万公斤，增加率 3.9%；新建旱涝保收田 15.33 万亩，增加率 99.61%；新增农业产值 3 720 万元，增加率 14.71%；农民人均收入增加 1 689 元，增幅 15.10%；转移农村劳动力 635 人，转移率 62.32%；置换地下水用量 2 027 万米³，置换率低于 60%；农民总体满意度 90%；项目受益村集体满意度 93.33%；农村人口减少率低于 15%。

临江灌区田间配套工程建设绩效

综合绩效		具体分析
建设效益	经济效益	（1）年新增粮食产能 495 万公斤，增加率 3.9% （2）新建旱涝保收田 15.33 万亩，增加率 99.61% （3）新增农业产值 3 720 万元，增加率 14.71%
	社会效益	（1）农民人均收入增加 1 689 元，增幅 15.10% （2）转移农村劳动力 635 人，转移率 62.32%
	生态效益	无
	资源效益	置换地下水用量 2 027 万米³，置换率低于 60%
社会影响		（1）农民总体满意度 90% （2）项目受益村集体满意度 93.33% （3）农村人口减少率低于 15%

（9）虎林灌区　工程建成后，年新增粮食产能 2 456 万公斤，增加率 25%；新建旱涝保收田 11.43 万亩，增加率超过 100%；新增农业产值 5 894.4 万元，增加率 25%；灌溉节约率 28.57%；新增粳稻种植面积 6.95 万亩，增加率 49.12%；农民人均收入增加 6 260 元，增幅 35.21%；转移农村劳动力 2 454 人，转移率 62.32%；水土流失治理率超过 20%；置换地下水灌溉率 100%；改善地表水灌溉面积 21.1 万亩，改善率超过 80%；置换地下水用量 8 440 万米³，置换率超过 80%；农民总体满意度 96%；项目受益村集体

满意度 100％；农村人口减少率低于 30％。

虎林灌区田间配套工程建设绩效

综合绩效		具体分析
建设效益	经济效益	（1）年新增粮食产能 2 456 万公斤，增加率 25％ （2）新建旱涝保收田 11.43 万亩，增加率超过 100％ （3）新增农业产值 5 894.4 万元，增加率 25％ （4）灌溉节约率 28.57％ （5）新增粳稻种植面积 6.95 万亩，增加率 49.12％
	社会效益	（1）农民人均收入增加 6 260 元，增幅 35.21％ （2）转移农村劳动力 2 454 人，转移率 62.32％
	生态效益	水土流失治理率超过 20％
	资源效益	（1）置换地下水灌溉率 100％ （2）改善地表水灌溉面积 21.1 万亩，改善率超过 80％ （3）置换地下水用量 8 440 万米^3，置换率超过 80％
社会影响		（1）农民总体满意度 96％ （2）项目受益村集体满意度 100％ （3）农村人口减少率低于 30％

　　（10）绥滨灌区　工程建成后，年新增粮食产能 3 287.6 万公斤，增加率 19.63％；新建旱涝保收田 13.03 万亩，增加率超过 100％；新增农业产值 557 万元，增加率 23.90％；减少灌溉用水成本 87.16 万元，节约率 37.15％；农民人均收入增加 6 000 元，增幅 30％；地下水回升 0.05 米；水土流失治理率 100％；置换地下水灌溉率 100％；改善地表水灌溉面积 16.88 万亩，改善率 100％；置换地下水用量 1 287.44 万米^3，置换率 100％；农民总体满意度 99.84％；项目受益村集体满意度 100％；农村人口减少率低于 15％。

绥滨灌区田间配套工程建设绩效

综合绩效		具体分析
建设效益	经济效益	（1）年新增粮食产能 3 287.6 万公斤，增加率 19.63％ （2）新建旱涝保收田 13.03 万亩，增加率超过 100％ （3）新增农业产值 557 万元，增加率 23.90％ （4）减少灌溉用水成本 87.16 万元，节约率 37.15％
	社会效益	农民人均收入增加 6 000 元，增幅 30％
	生态效益	（1）地下水回升 0.05 米 （2）水土流失治理率 100％
	资源效益	（1）置换地下水灌溉率 100％ （2）改善地表水灌溉面积 16.88 万亩，改善率 100％ （3）置换地下水用量 1 287.44 万米^3，置换率 100％
社会影响		（1）农民总体满意度 99.84％ （2）项目受益村集体满意度 100％ （3）农村人口减少率低于 15％

（11）二九〇灌区　工程建成后，年新增粮食产能 3 951.6 万公斤，增加率 21.82%；新建旱涝保收田 14.81 万亩，增加率超过 100%；新增农业产值 3 724 万元，增加率 12.64%；农民人均收入增加 2 392 元，增幅 8.5%；置换地下水灌溉率超过 60%；改善地表水灌溉面积 9.9 万亩，改善率 66.62%；置换地下水用量 3 702.4 万米³，置换率 66.62%；农民总体满意度 87.8%；项目受益村集体满意度 91.67%；农村人口减少率低于 15%。

二九〇灌区田间配套工程建设绩效

综合绩效		具体分析
建设效益	经济效益	（1）年新增粮食产能 3 951.6 万公斤，增加率 21.82% （2）新建旱涝保收田 14.81 万亩，增加率超过 100% （3）新增农业产值 3 724 万元，增加率 12.64%
	社会效益	农民人均收入增加 2 392 元，增幅 8.5%
	生态效益	无
	资源效益	（1）置换地下水灌溉率超过 60% （2）改善地表水灌溉面积 9.9 万亩，改善率 66.62% （3）置换地下水用量 3 702.4 万米³，置换率 66.62%
社会影响		（1）农民总体满意度 87.8% （2）项目受益村集体满意度 91.67% （3）农村人口减少率低于 15%

（12）江萝灌区　工程建成后，年新增粮食产能 777.67 万公斤，增加率 3.66%；新建旱涝保收田 14.14 万亩，增加率超过 100%；新增农业产值 4 595.5 万元，增加率 9.41%；农民人均收入增加 6 540 元，增幅 33.22%；置换地下水灌溉率 100%；改善地表水灌溉面积 11.84 万亩，改善率超过 80%；置换地下水用量 4 242 万米³，置换率 100%；农民总体满意度 94.51%；项目受益村集体满意度 91.67%；农村人口减少率低于 15%。

江萝灌区田间配套工程建设绩效

综合绩效		具体分析
建设效益	经济效益	（1）年新增粮食产能 777.67 万公斤，增加率 3.66% （2）新建旱涝保收田 14.14 万亩，增加率超过 100% （3）新增农业产值 4 595.5 万元，增加率 9.41%
	社会效益	农民人均收入增加 6 540 元，增幅 33.22%
	生态效益	无
	资源效益	（1）置换地下水灌溉率 100% （2）改善地表水灌溉面积 11.84 万亩，改善率超过 80% （3）置换地下水用量 4 242 万米³，置换率 100%

（续）

综合绩效	具体分析
社会影响	（1）农民总体满意度 94.51％ （2）项目受益村集体满意度 91.67％ （3）农村人口减少率低于 15％

（13）德龙灌区　工程建成后，年新增粮食产能 14 790 万公斤，增加率超过 100％；新建旱涝保收田 26.3 万亩，增加率超过 100％；新增农业产值 942.6 万元，增加率 23.01％；灌溉用水节约率 21.43％；新增粳稻种植面积 15.41 万亩，增加率超过 100％；农民人均收入增加 10 670 元，增幅 178.64％；农业综合机械化率提高超过 100％；转移农村劳动力 3 188 人，转移率 31.81％；地下水回升 1.66 米；水土流失治理率超过 20％；置换地下水灌溉率 100％；改善地表水灌溉面积 29.55 万亩，改善率 100％；置换地下水用量 8 764 万米^3，置换率 100％；农民总体满意度 96.71％；项目受益村集体满意度 92％；农村人口减少率低于 15％。

德龙灌区田间配套工程建设绩效

综合绩效		具体分析
建设效益	经济效益	（1）年新增粮食产能 14 790 万公斤，增加率超过 100％ （2）新建旱涝保收田 26.3 万亩，增加率超过 100％ （3）新增农业产值 942.6 万元，增加率 23.01％ （4）灌溉用水节约率 21.43％ （5）新增粳稻种植面积 15.41 万亩，增加率超过 100％
	社会效益	（1）农民人均收入增加 10 670 元，增幅 178.64％ （2）农业综合机械化率提高 100％ （3）转移农村劳动力 3 188 人，转移率 31.81％
	生态效益	（1）地下水回升 1.66 米 （2）水土流失治理率超过 20％
	资源效益	（1）置换地下水灌溉率 100％ （2）改善地表水灌溉面积 29.55 万亩，改善率 100％ （3）置换地下水用量 8 764 万米^3，置换率 100％
社会影响		（1）农民总体满意度 96.71％ （2）项目受益村集体满意度 92％ （3）农村人口减少率低于 15％

（14）乌苏镇灌区　工程建成后，年新增粮食产能 878 万公斤，增加率 8.35％；新建旱涝保收田 8.78 万亩，增加率超过 30％；新增农业产值 3 595 万元，增加率 22.8％；农民人均收入增加 10 670 元，增幅 178.64％；转移农村劳动力 908 人，转移率 23.27％；地下水回升 0.02 米；置换地下水灌溉率超过

60%；改善地表水灌溉面积 23.36 万亩，改善率 100%；置换地下水用量 5 975 万米³，置换率超过 60%；农民总体满意度 90%；项目受益村集体满意度 90%。

乌苏镇灌区田间配套工程建设绩效

综合绩效		具体分析
建设效益	经济效益	(1) 年新增粮食产能 878 万公斤，增加率 8.35% (2) 新建旱涝保收田 8.78 万亩，增加率超过 30% (3) 新增农业产值 3 595 万元，增加率 22.8%
	社会效益	(1) 农民人均收入增加 10 670 元，增幅 178.64% (2) 转移农村劳动力 908 人，转移率 23.27%
	生态效益	地下水回升 0.02 米
	资源效益	(1) 置换地下水灌溉率超过 60% (2) 改善地表水灌溉面积 23.36 万亩，改善率 100% (3) 置换地下水用量 5 975 万米³，置换率超过 60%
社会影响		(1) 农民总体满意度 90% (2) 项目受益村集体满意度 90%

（15）锦西灌区　工程建成后，年新增粮食产能 27 600 万公斤，增加率 67.65%；新建旱涝保收田 31 万亩，增加率超过 100%；新增农业产值 38 640 万元，增加率 67.65%；灌溉用水 624.12 万元，节约率 17.14%；新增粳稻种植面积 52 万亩；农民人均收入增加 7 094 元，增幅 40.77%；农业综合机械化增加 21 万亩，增加率 67.74%；转移农村劳动力 1 500 人，转移率 6.3%；地下水回升 2.09 米；改善地表水灌溉面积 52 万亩，改善率 100%；置换地下水用量 6 762 万米³，置换率 58.57%；耕地质量提升 2.5 级，提升率 100%；农民总体满意度 97.16%；项目受益村集体满意度 95.31%；农村人口减少率低于 15%。

锦西灌区田间配套工程建设绩效

综合绩效		具体分析
建设效益	经济效益	(1) 年新增粮食产能 27 600 万公斤，增加率 67.65% (2) 新建旱涝保收田 31 万亩，增加率超过 100% (3) 新增农业产值 38 640 万元，增加率 67.65% (4) 灌溉用水 624.12 万元，节约率 17.14% (5) 新增粳稻种植面积 52 万亩
	社会效益	(1) 农民人均收入增加 7 094 元，增幅 40.77% (2) 农业综合机械化增加 21 万亩，增加率 67.74% (3) 转移农村劳动力 1 500 人，转移率 6.3%
	生态效益	地下水回升 2.09 米

（续）

综合绩效		具体分析
建设效益	资源效益	（1）改善地表水灌溉面积 52 万亩，改善率 100％ （2）置换地下水用量 6 762 万米^3，置换率 58.57％ （3）耕地质量提升 2.5 级，提升率 100％
社会影响		（1）农民总体满意度 97.16％ （2）项目受益村集体满意度 95.31％ （3）农村人口减少率低于 15％

8.3.7 存在的主要问题

通过各灌区的自评报告梳理，总结出 5 个方面的主要问题，并对各灌区的具体问题进行详细阐述：

8.3.7.1 可行性设计研究编制周期短

各灌区普遍存在前期各阶段工程设计编制周期较短的情况，无法保证全部设计均为最优方案。从而在工程实施过程中，导致设计变更较多，需要进行进一步优化调整。

通过灌区问题梳理，共 6 个灌区存在问题，包括八五灌区、勤得利灌区、兴凯湖灌区、绥滨灌区、二九〇灌区、江萝灌区。其中，以八五灌区为例，由于受到资金的限制，该示范区设计相对简单，部分先进的技术和设备未能及时采用，在一定程度上限制了该灌区的推广、示范作用。

8.3.7.2 工程建设养护经费投入不足

通过国家的投入，灌区取得了很大的社会效益和经济效益。但由于资金有限，灌区对田间工程投资较少，工程维修养护经费投入不足，导致灌区田间工程配套程度低，部分工程无法与已建设齐全的骨干工程正常对接使用，影响了整体工程建设效益的发挥。尤其是末级渠系配套不齐全，灌溉系统"上通下堵""肠梗阻"等现象普遍存在。

8.3.7.3 群众及项目单位满意度有待提升

灌区工程建设是利国利民的，项目区内农户收益巨大，但是项目法人单位要支付较多的自筹资金进行工程建设，资金匹配难度大。并且部分田间工程的施工与农户传统的排水灌溉理念相矛盾，从而影响了整体的施工进度。

8.3.7.4 农田水利设施管理主体缺位

农田水利基础设施建设、运行、管理职能未能相应地纳入基层组织的管理体制范畴，末级渠系管理主体缺位，基本处于"农民管不了，集体不愿管，国家管不到"的被动状态。由于缺乏管理主体，农民参与农田水利工程维修、管护的投工投劳量急剧下降，从而加剧了工程的损毁速度。

8.3.7.5 工程运行维修养护资金不到位

灌区管理体制改革后，工程运行修缮养护费用应主要来源于灌区水费征收。目前存在的主要问题：一是水价没有按市场运行机制和水价核定原则来制定。目前，水价是更多地考虑用水户的承受能力，执行的水价未体现价值规律，不能形成良性循环。二是信息化工程建设无法实现按方计收。目前，由于投资有限，灌区信息化工程建设不能覆盖全部斗渠口，只能实行按亩计收，造成不能区分用水量计收水费。三是财政养护资金不到位。目前，由于养护资金不足，灌区存在管理人员不足而维修养护不到位现象，运行期杂草丛生，影响输配水功能。

各灌区存在的主要问题

序号	灌区名称	存在的主要问题
1	饶河灌区	(1) 工程质量：渠道缺少防护措施 (2) 资金投入：灌区运行成本过高、农场运行困难
2	八五九灌区	(1) 工程质量：部分渠道工程存在着淤积、设计断面未达标等问题 (2) 建设管理：内部管理意见不统一 (3) 前期规划：工程设计较为简单，未满足示范推广的要求，不符合实际所需 (4) 社会影响：群众不满情绪较为强烈
3	勤得利灌区	(1) 前期规划：可行性研究编制周期短 (2) 审查评估：审查阶段规模限制过大，实际运行过程中与理论条件存在偏差
4	青龙山灌区（农垦区）	(1) 资金投入：部分投资资金来源不明确 (2) 实施过程：部分项目未按照流程实施，资金审批存在困难 (3) 前期规划：对水土保持补偿费是否缴纳，存在争议
5	兴凯湖灌区	(1) 前期规划：可行性研究编制周期短 (2) 工程质量：田间工程不配套，项目的效益不能充分发挥 (3) 资金投入：财政养护资金没有到位
6	三村灌区	(1) 工程质量：田间工程配套不到位，项目的效益不能充分发挥 (2) 建设管理：由于灌区应急抗旱的需要，存在未经验收就交付使用的情况
7	临江灌区	(1) 工程质量：灌区内部分渠道工程存在着淤积、设计断面未达标、小型水泵及输水软管不足问题 (2) 社会影响：灌区内群众对现有田间路面破坏情况反映较为强烈
8	虎林灌区	(1) 工程质量：项目区部分骨干排水工程未达到设计标准 (2) 建设管理：改造工程需尽快列入年度投资计划 (3) 资金投入：工程投资限制，部分小型水泵及输水软管未列入本次投资
9	绥滨灌区	(1) 前期规划： ①原有规划论证无论在工程布局或者投资上和灌区实际情况有较大出入 ②信息化还不够完善，计划控制很难得到掌握 (2) 实施过程：匹配资金落实难度大、田间工程不配套，项目的效益不能充分发挥 (3) 资金投入：财政养护资金未落实

（续）

序号	灌区名称	存在的主要问题
10	二九〇灌区	（1）前期规划：可行性研究编制周期短 （2）社会影响： ①项目法人单位需支付较多的自筹资金进行工程建设，资金匹配难度大 ②与农户之间存在沟通问题，易造成矛盾 （3）资金投入：财政养护资金未落实
11	江萝灌区	（1）前期规划：可行性研究编制周期短 （2）社会影响： ①项目法人单位需支付较多的自筹资金进行工程建设，资金匹配难度大 ②与农户之间存在沟通问题，易造成矛盾 （3）资金投入：工程运行维修养护资金不到位
12	德龙灌区	建设管理： ①基层水利队伍技术和管理力量薄弱 ②工期延长使管理难度加大，造成成本增加
13	乌苏镇灌区	（1）实施过程：部分工程配套不到位，项目效益不能充分发挥 （2）建设管理：由于灌区应急抗旱的需要，存在未经验收就交付使用的情况 （3）社会影响：由于政策导向，农民将部分田块水田调整为旱田，部分农渠无法实施
14	青龙山灌区 （同江片区）	工程仍在建设中，暂无经验分享及存在问题
15	锦西灌区	建设管理： ①基层水利队伍技术和管理力量薄弱 ②工期延长使管理难度加大，造成成本增加

8.3.8 评价提升建议

为了适应当前经济社会的发展，全面夯实灌区建设成果，全面实现灌区建设目标，提升灌区在粮食生产安全中的基础性保障作用，夯实粮食产能根基，充分发挥灌区在国民经济发展中的基础作用，提出如下建议：

8.3.8.1 前期规划阶段

在灌区工程前期规划阶段，要最大限度地夯实基础资料，结合国民经济发展的中长期规划，同时注重预测市场经济发展趋势，明确灌区工程规模、建设任务以及总体布局可能存在风险因素。要保证前期工程设计周期，满足设计精度和设计深度要求。建议从项目立项到初步设计（或实施方案设计），如果时间过程较长，要不断地复核现状情况，以确保原立项阶段设定的目标和建设任务仍符合实际和未来的发展。

8.3.8.2 实施过程阶段

在灌区工程实施过程阶段，应从两个方面进行调整改善。

（1）要"四制"齐抓，严格把关　"四制"是指"项目法人责任制、招标投标制、工程监理制和合同管理制"。在实施灌区田间配套过程中，严格实行"四制"，严格按计划实施，从严控制工程进度、工程质量和投资。尤其是，进一步加强现场质量管理措施，保证按设计标准完成工程建设，满足工程合理使用年限和耐久性要求。

（2）加大灌区排涝体系投资改造　灌区计划资金安排要保证能同时进行骨干工程和田间工程建设，保证建一片、成一片，以便能够及时总结经验和进行设计调整，才能更有利于灌区建设目标的如期达成。尤其是，应不断加大对灌区末级渠系改造的投资，拓宽田间工程配套建设融资渠道，及时治理骨干排涝沟渠，以使节水改造项目达到整体效果。

8.3.8.3　运行管护阶段

在灌区工程运行管护阶段，应从 3 个方面进行调整改善。

（1）加强工程运行后管护工作　为保障灌区运行顺畅、安全，应加强灌区巡视工作，对易出现险情、损坏部位重点关注。建立维修台账，有计划地进行灌区工程日常维修养护。并积极申请国家资金，调配灌区收入资金，以保证日常维修护工作顺利进行。尤其是，在灌区建设运行初期，可能存在个别工程通水不畅或骨干和田间工程衔接不当的问题，应加强运行管理，以便及时发现问题，及时解决。

（2）全面执行灌区水价改革成果　为保障灌区整体效益的实现，应继续完善灌区斗渠口计量设施，全面执行灌区水价改革成果，实现按立方米收费，进行精准补贴和节水奖励机制，提高农业用水效率，发挥节水潜力，保证农业可持续发展和国家水安全。促进水价从运行维护成本水价逐步提到完全成本水价，以便保证灌区工程设施长效发挥工程效益。

（3）建立灌区的轮灌制度　轮灌制度是实施计划用水的核心内容，需要合理划分轮灌组和轮灌次序，有利于保证灌区农作物的适时适量灌溉和稳产高产的实现。因此，建议根据灌区内渠道控制面积制定用水方案，对战线长和供水面积大的渠道，采取先下游后上游或按时间段控制供水，合理轮灌，严格按照轮灌制度进行供水，远端地块可在合理范围内将泡田期、插秧期、补水期适当提前，确保农田灌溉，提高灌溉保证率。

9 高标准农田建设满意度调查与评价

9.1 满意度绩效评价研究进展

满意度调查最早发源于营销领域，是顾客对产品或者服务的主观评价指标。满意度的形成机制是满意度模型建立的理论基础，目前学界构建满意度模型主要采用三种方法：理论演绎法、文本归纳法和经验推广法。

理论演绎法从一般到具体，将已有理论演绎为可验证的满意度评价指标。目前比较常用的满意度模型包括美国的 SERVQUAL 模型和 ACSI 模型、瑞典的 SCSB 模型、欧洲的 ECSI 模型以及我国的 CCSI 模型，其中 ACSI 模型在满意度模型的构建中使用最为广泛。马小雯借鉴 ACSI 评估模型，选取公众期望、生态环境感知质量、感知价值、公众满意度、公众抱怨和公众信任作为该满意度模型的潜变量，构建生态环境公众满意度测评模型框架。程镝以 ACSI 模型和 CCSI 模型为理论研究基础，选取其中的核心变量和相对关系，结合"最多跑一次"改革及政务服务的特点，搭建政务服务中心服务质量公众满意度模型。霍哲珺等人借鉴 ACSI 模型进行模型设计，考察政府质量工作的具体成效。除期望模型的视角外，有学者将其他社会学理论运用于满意度指标模型。向鹏成等人选取社会心理学中的刺激-有机体-反应（S-O-R）理论作为理论基础，结合研究对象特点，构建重大基础设施项目公众满意度形成机制的假设模型。

文本归纳法从具体到一般，将现有文本进行多次编码归纳为满意度评价指标。刘瑞雪等人通过收集网络主流点评网站的点评数据，利用词频分析法提炼公众对城市公园规划设计与运行管理相关的关注点，构建城市公园公众体验评价指标体系。陈洪侠将厦门小渔网网民点评信息作为研究数据来源，依据扎根理论进行筛选和编码，通过初始编码、聚焦编码和主轴编码，最终形成理论编码，构建公共自行车公众满意度影响因素模型。霍哲珺等人采用文本挖掘法、随机森林和熵权法等大数据分析技术，研究建立了适用于上海政府质量工作实际的企业满意度评价方法。

经验推广法参照现有经验和规划，根据行业具体情况构建满意度评价指标。李慧敏等人参照学者们关于水环境治理的文献资料，分别从水体治理、沿岸环境、休闲娱乐设施等方面筛选了 34 个评价指标，构建评价指标体系。胡敏根据《合肥市城市基本公共服务设施专项规划》，选取义务教育、文化娱乐、体育健身、卫生医疗、社会保障和公共安全等六个方面指标对公众满意度进行测评。

整体来看，学界以满意度为研究对象，构建了政务、教育、医疗、消费等多个领域的满意度评价体系，但涉及高标准农田建设项目的满意度研究相对较少。与此同时，多数研究均通过问卷调查、深度访谈等方式收集数据，成本高、耗时长，对于高标准农田建设项目等数量大、受众群体广的项目来说，无法满足其时限和成本控制的要求。

9.2 指标体系构建

面对高标准农田建设项目满意度调查的现实需求，总结学界已有的理论研究，本文尝试构建一套基于互联网大数据的高标准农田建设项目社会满意度评价体系。首先，运用期望不一致理论，并结合大数据采集的可行性，拟定初始的评价指标；其次，运用德尔菲法，对初始的评价指标进行进一步修改，确定最终的评价指标体系；再次，运用层次分析法，分配各项指标的权重；最后，完成指标体系的构建，并选择一个具体案例，进行测算。

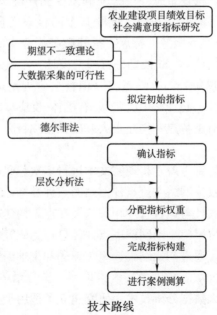

技术路线

9.2.1 拟定初始指标

期望不一致理论源自组织行为学和社会心理学。1980 年，理查德·奥利弗提出了期望不一致模型。该理论模型认为，顾客会在购买某产品前，对产品的质量、效用等形成"期望"，在购买之后，会将自身使用产品形成的"感知"与购买前的"期望"进行比较，若期望大于感知，那么顾客就会对产品表示不满意，产生抱怨，若期望小于感知，那么顾客就会对该产品表示满意。

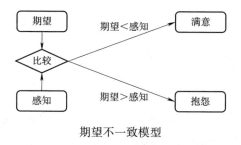

期望不一致模型

随着社交媒体的兴起，传统的传播方式发生了巨大变化。人人皆可通过网络平台发声，网民不只是信息的接受者，同时也是信息的发出者。考虑到新媒体时代传播发展的新态势，本研究在期望不一致模型的基础上，引入"反馈"变量，即若顾客的反馈被接受，那么他们对产品的满意度就会增加，若顾客的反馈被拒绝或者忽视，那么他们对产品的满意度就会下降。

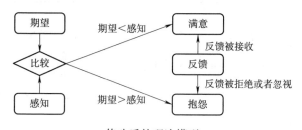

修改后的理论模型

基于修改后的理论模型，本研究从期望、反馈、感知三个角度拟定一级指标。首先，媒体报道和社交平台资讯成为网民获取信息的主要渠道，也形成了网民对高标准农田建设项目的初始"期望"，因此，本研究拟定媒体传播力、官方宣传力、平台吸引力三个一级指标，从期望角度衡量高标准农田建设项目的社会满意度；其次，高标准农田建设项目的实际执行、后续服务以及政府部门的信息公开，成为网民"感知"项目情况的重要方面，因此，本研究拟定项目执行力、项目服务力、信息公开度三个一级指标，从感知角度衡量高标准农田建设项目的社会满意度；最后，网民在社交媒体上的评论、点赞、转发等互动行为，构成了网民对项目的"反馈"，所以本研究拟定社交互动力指标，从反馈角度衡量高标准农田建设项目的社会满意度。

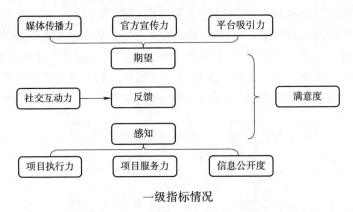

一级指标情况

本研究全部数据来源于互联网开源大数据，因此在拟定指标时，必须保证各项指标值可通过大数据采集方式获取。如果某些数据不能通过技术手段抓取，或者相关数据不对公众开放，那么相应指标也不能列入。另外，各项指标必须含义明确，操作性强，尽可能将抽象概念转化为具有较高可观察性和可测算性的指标，便于数据采集和统计处理。基于此，本研究建立了以下初始评价指标，包括一级指标 7 项、二级指标 21 项。

初始评价指标

类型	一级指标	二级指标	指标说明
期望	媒体传播力	媒体中正面报道占比	中立、正面的媒体报道占比
		媒体报道量	媒体涉相关主题的报道数量
		互联网提及量	互联网上各平台对该主题的提及总量
		主流媒体报道量	中央、省级媒体涉相关主题的报道数量
	官方宣传力	网站发文量	官方网站涉该主题的发文量
		微博、微信发文量	官方微博、微信账号涉该主题的发文量
		信息原创率	官方发文的原创比例
		内容转载量	官方发文被转载频量
	平台吸引力	粉丝量	官网社交账号的粉丝总量
		Alexa 排名	官网网站的 Alexa 排名
感知	项目执行力	建设进度	与建设进度相关的中正面报道占比
		建设质量	与建设质量相关的中正面报道占比
	项目服务力	建后管护	与建后管护相关的中正面报道占比
		廉政建设	与廉政建设相关的中正面报道占比

（续）

类型	一级指标	二级指标	指标说明
感知	项目服务力	资金使用	与资金使用相关的中正面报道
	信息公开度	信息公开全面性	官方公开相关信息的全面程度
		信息公开及时性	官方公开相关信息的及时程度
反馈	社交互动力	热文占比	互动量超过1万的社交帖文数
		网民反馈渠道	网民反馈问题的渠道数量
		网民中正面评论占比	中立、正面的网民评论占比
		网民互动量	官方发文的网民互动量

9.2.2　确定最终体系

德尔菲法于20世纪40年代由美国兰德公司提出，目前被广泛应用于各个领域的评价指标体系构建。其主要通过对专家进行匿名函询，来获取专家对研究问题的评价及意见，综合多名专家的专业经验来对有关指标进行筛选，最终确定一个合理的评价指标体系。

本研究选取10名相关领域的专家参与调研，使用专家咨询问卷对各位专家进行了两轮背对背的征询，结合指标数据获取的难易程度、专家重要性评分均值及专家的其他相关意见，对拟定的初始评价指标进行修改，最终形成高标准农田建设项目绩效目标社会满意度指标体系。

9.2.2.1　专家咨询问卷内容

专家咨询问卷由问卷说明、自身情况评分及指标评分三部分组成。其中，问卷说明主要对打分的注意事项、研究项目的背景内容以及评分标准进行解释说明；自身情况评分部分主要是让专家就权威系数的两个因素，即评分判断依据及专家对相应领域的熟悉程度，进行自我评价；最后一部分是让专家对各个指标的重要性进行评价，如下表所示，采用Likert五级量表法对相关指标进行评分，在此基础上对各个指标进行分析及筛选。

Likert 五级量表法重要性评分

评 分 标 准	评 分 值
极端重要	9
非常重要	7
明显重要	5
稍微重要	3
比较重要	1

（1）专家积极系数 采用问卷的回收率作为专家积极系数，用以表示各位专家对本次研究的重视程度。通常情况下，问卷回收率大于 70% 即认为专家对本次研究的关心程度较高，相关评价数据较为可信。

（2）专家权威系数 专家权威系数 C_r 表征专家在相关领域的权威程度，主要受两个主要因素影响：一个是专家做出评价打分的判断依据，使用判断系数 C_a 表示，本研究依据专家的熟悉程度将判断系数划分为 5 个等级并分别赋值；另一个是专家对于相关领域的熟悉程度，使用系数 C_s 表示，本研究将专家依靠理论分析、实践经验及直觉的程度分为 5 个层级，与判断系数相同，分别为 5 个层级进行赋值。具体的评分标准及分值如下表所示。

专家判断系数及相关领域熟悉程度评分

领域熟悉程度	评 分 依 据	评 分 值
非常熟悉	完全依靠理论分析	0.9
比较熟悉	基本依靠理论分析	0.7
一般	依靠实践经验	0.5
比较陌生	依靠经验与直觉相结合	0.3
非常陌生	依靠直觉	0.1

计算专家权威系数 C_r 的公式为：

$$C_r = \frac{C_a + C_s}{2}$$

专家权威系数的值应介于 0 到 1 之间，越接近 1 表明专家评分的权威程度越高，可信程度越高。

（3）专家协调系数及显著性检验 采用肯德尔和谐性分析（Kendall's W 检验）分析专家评分情况。计算专家协调系数 ω，以考察多名专家评分的一致性情况。专家协调系数 ω 的计算公式如下：

$$\omega = \frac{12}{m^2(n^3-n) - m\sum_{j=1}^{n} T_i} \sum_{j=1}^{n} d_j^2$$

其中，$T_i = \sum_{i=1}^{L}(t_i^3 - t_i)$ 用于当多个专家给出相同等级评分时进行修正。式中，m 表示专家人数，n 表示指标个数，L 表示第 i 个专家相同的评价组总数，i 和 j 为遍历用的角标，无实际意义。

9.2.2.2 实际研究结果

本次研究初始指标共包含一级指标 7 个，二级指标 21 个。经两轮专家函询后，根据专家评价、相关意见及指标相关数据获取可行性，剔除部分指标，最终确定指标体系包括一级指标 7 个及二级指标 17 个。

（1）专家积极程度　本次研究共进行两轮函询：第一轮发放问卷 10 份，回收 10 份；第二轮发放问卷 10 份，回收 10 份。两轮的专家积极系数均为 100%，表明各位专家对本次研究高度重视及关心，评分数据达到了统计学分析要求。

（2）专家权威程度　当专家权威系数 $C_r \geqslant 0.7$ 时，表明专家权威程度较高，评分数据可信度较高。两轮函询的专家权威系数分别为 0.76 及 0.81，均满足有关要求。

（3）专家意见协调程度及显著性检验　两轮咨询中 ρ 值均 <0.05，证明专家意见协调程度较好，对各个指标的评价达成共识。两轮函询的专家意见协调性情况如下表所示：

两轮专家协调系数统计

相关指标	第 一 轮	第 二 轮
ω	0.169	0.205
χ^2	33.910	38.918
ρ	0.03	<0.005

9.2.3　分配各项指标权重确定

9.2.3.1　指标权重方法

本研究使用层次分析法（Analytic hierarchy process，AHP）对各级指标的权重进行赋值。层次分析法于 20 世纪 70 年代提出，在指标体系构建过程中的主要应用是使用各个指标间的相对重要性来计算权重值。其核心思想是将所有与目标层相关的影响因素按照层次关系进行排列，对同一层的指标进行两两比较，然后按照相对重要性计算各个元素的相对权重，按照层级关系逐层分配得到最终各项指标的权重值。本研究使用 Saaty 标度法量化指标间的相对重要性，其标度含义如下表所示。使用 Saaty 标度值及对应的倒数对指标间两两相比的相对重要性程度进行量化，逐层构建判断矩阵。

Saaty1～9 标度

指标 x 与指标 y 相比	标 度 值
同等重要	1
稍微重要	3
明显重要	5
强烈重要	7

（续）

指标 x 与指标 y 相比	标 度 值
极端重要	9
相邻判断的中间值	2、4、6、8

（1）一致性检验　判断矩阵需要进行一致性检验以确保各个指标权重分配的合理性。其计算方式如下：

$$CR = \frac{CI}{RI}$$

其中，CI 为一致性指标（Consistency index），计算方式为

$$CI = \frac{\lambda_{\max} - n}{n - 1}$$

$\lambda_{\max}$ 为判断矩阵的最大特征根，n 为矩阵中指标数量；RI 为随机一致性指标（Random index），可以通过查阅下表获取。

随机一致性指标数值表

N	1	2	3	4	5	6	7	8	9	10
RI	0	0	0.52	0.89	1.12	1.26	1.36	1.41	1.46	1.49

（2）权重值计算　对判断矩阵的特征向量进行归一化处理，得到该层指标的权重值，再按指标层次结构将权重值与上一层的值进行相乘，得到最终的权重值。

9.2.3.2　指标权重确定过程

本研究按照上述方法，构建判断矩阵，并进行一致性检验，过程及结果如下：

（1）判断矩阵　根据专家的评价意见构建指标的判断矩阵，将一级指标判断矩阵构建为：

$$A = \begin{bmatrix} 1 & 1 & 6 & 1 & 1/2 & 7 & 8 \\ 1 & 1 & 6 & 1 & 1/2 & 7 & 8 \\ 1/6 & 1/6 & 1 & 1/6 & 1/7 & 2 & 3 \\ 1 & 1 & 6 & 1 & 1/2 & 7 & 8 \\ 2 & 2 & 7 & 2 & 1 & 8 & 9 \\ 1/7 & 1/7 & 1/2 & 1/7 & 1/8 & 1 & 2 \\ 1/8 & 1/8 & 1/3 & 1/8 & 1/9 & 1/2 & 1 \end{bmatrix}$$

采用同样的构建方式，分别对媒体传播力、官方宣传力、平台吸引力等 7 个一级指标下属的二级指标分别构建判断矩阵，得到：

$$\boldsymbol{B}_1=\begin{bmatrix}1&2\\1/2&1\end{bmatrix}$$

$$\boldsymbol{B}_2=\begin{bmatrix}1&1&7&7\\1&1&7&7\\1/7&1/7&1&1\\1/7&1/7&1&1\end{bmatrix}$$

$$\boldsymbol{B}_3=\begin{bmatrix}1&1/6\\6&1\end{bmatrix}$$

$$\boldsymbol{B}_4=\begin{bmatrix}1&1/2\\2&1\end{bmatrix}$$

$$\boldsymbol{B}_5=\begin{bmatrix}1&2\\1/2&1\end{bmatrix}$$

$$\boldsymbol{B}_6=\begin{bmatrix}1&1/6\\6&1\end{bmatrix}$$

$$\boldsymbol{B}_7=\begin{bmatrix}1&5&1/2\\1/5&1&1/6\\2&6&1\end{bmatrix}$$

（2）一致性检验　经计算得到各个判断矩阵 CR 值均<0.1，说明一致性较好，可以根据判断矩阵对其进行权重赋值。

（3）权重赋值结果　根据判断矩阵，对各个指标的权重赋值进行计算，指标体系权重如表所示：

高标准农田建设项目绩效目标社会满意度评估指标体系

目标层——A	一级指标——B	二级指标——C	权重分配（%）
高标准农田建设项目绩效目标社会满意度评估	媒体传播力（19.57%）	媒体中正面报道占比	13.05
		媒体报道量	6.52
	官方宣传力（19.57%）	网站发文量	8.57
		微博、微信发文量	8.56
		信息原创率	1.22
		内容转载量	1.22
	平台吸引力（4.53%）	粉丝量	0.65
		Alexa 排名	3.88
	项目执行力（19.57%）	建设进度	6.52
		建设质量	13.05
	项目服务力（31.27%）	建后管护	20.85

（续）

目标层——A	一级指标——B	二级指标——C	权重分配（%）
高标准农田建设项目绩效目标社会满意度评估	项目服务力（31.27%）	廉政建设	10.42
	信息公开度（3.19%）	信息公开全面性	0.46
		信息公开及时性	2.73
	社交互动力（2.30%）	热文占比	0.79
		网民反馈渠道	0.19
		网民互动量	1.32

9.3 案例研究：满意度绩效评价

评价监测周期为 2022 年 10 月 1—31 日。

9.3.1 全国要点新闻

党的二十大报告提出，要全方位夯实粮食安全根基，牢牢守住十八亿亩耕地红线。①中国新闻网：中共二十大报告对粮食安全问题给予强烈关注。考虑到世界正经历新的动荡变革，这一新提法反映了中共二十大应对未来粮食安全风险的未雨绸缪和顶层设计。值得注意的是，"牢牢守住十八亿亩耕地红线"这一中国人耳熟能详的表述，也被写入党代会报告。分析人士认为，从此次二十大报告观之，预计今后中国将在落实耕地保护制度上更加严格。②中国经济网：党的二十大报告作出全方位夯实粮食安全根基的战略安排，要求牢牢守住十八亿亩耕地红线，确保中国人的饭碗牢牢端在自己手中。全方位、牢牢、确保……这些词汇语重心长，无不透露出党中央对粮食安全念兹在兹，对中国饭碗高度重视。（新闻报道 104 464 篇，社交平台发文 131 004 条）

全国秋粮已收获 11.76 亿亩，进度超九成。①中国青年网：农业农村部最新农情调度显示，截至目前，全国秋粮已收获 11.76 亿亩，进度超过九成。今年粮食生产稳定向好，夏粮、早稻丰收到手，全年粮食有望再获丰收。②央视网：眼下，我国秋粮收获已过九成，基本实现丰收到手。今年粮食将再夺好收成。农业农村部最新农情调度显示，我国六个粮食主产区中，东北、黄淮海、西北地区秋粮长势为近几年最好水平，大豆油料扩产成效明显。今年的丰收来之不易。为了保丰收，一系列力度空前的强农政策相继出台。综合施策之下，我国夏粮增产 28.7 亿斤，早稻增产 2.1 亿斤，多个秋粮主产区玉米、大豆单产提高明显，全年粮食产量保持在 1.3 万亿斤以上。（新闻报道 22 824 篇，社

交平台发文 28 015 条)

我国加大投入建设高标准农田，截至 9 月底全国已建成高标准农田 9.7 亿亩。①央视网：今年，中央首次实行粮食安全党政同责考核，各地各级党委政府扛起粮食安全的政治责任，层层分解落实面积。在重农抓粮的强大合力支持下，今年夏粮面积增加了 138 万亩，早稻增加 31.5 万亩，秋粮面积也稳中有增，超过 13 亿亩，为全年粮食丰收夯实基础。保丰收，关键在于把"藏粮于地、藏粮于技"真正落实到位。今年，中央加大投入建设高标准农田。截至 9 月底，全国高标准农田已建成 9.7 亿亩。②中国经济网：10 年来，希望的田野发生历史性变革，农业已不是原来的模样：我国累计完成 9 亿多亩高标准农田建设任务，"靠天吃饭"正得到改变；兴修农田水利，灌溉面积年均增长 1.2%，"旱涝保收"梦想照进现实……在追求粮食安全的道路上，只有进行时，没有完成时，什么时候都不能轻言粮食过关了。（新闻报道 10 388 篇，社交平台发文 27 456 条）

2022 年世界粮食日和全国粮食安全宣传周活动在线上启动，主题为"保障粮食供给，端牢中国饭碗"。①新华网：为深入实施国家粮食安全战略和乡村振兴战略，建立健全粮食安全宣传教育长效机制，2022 年世界粮食日和全国粮食安全宣传周活动 10 月 10 日在线上启动。世界粮食日所在周为我国粮食安全宣传周，今年我国确定的宣传主题是"保障粮食供给 端牢中国饭碗"。②中国经济网：2022 年世界粮食日和全国粮食安全宣传周活动 10 月 10 日启动，"保障粮食供给 端牢中国饭碗"，是今年的全国粮食安全宣传周主题。国家粮食和物资储备局将会同有关部门，广泛深入开展粮食安全宣传，多措并举，创新组织粮食安全主题宣教活动。（新闻报道 11 234 篇，社交平台发文 11 731 条）

我国人均粮食产量达 483.5 公斤，超过国际公认安全线。①人民网："目前，我国人均粮食产量 483.5 公斤，即使不考虑进口补充和充裕库存，人均粮食产量也超过国际公认的 400 公斤粮食安全线。"10 月 17 日，在党的二十大记者招待会上，国家粮食和物资储备局负责同志介绍，我国粮食安全形势是好的，做到了把中国人的饭碗牢牢端在自己手中，而且里面主要装中国粮。②中国新闻网：中国国家发展和改革委员会党组成员，国家粮食和物资储备局党组书记、局长丛亮 17 日在北京透露，中国人均粮食产量达到 483.5 公斤。丛亮说，中国粮食安全形势是好的，做到了把中国人的饭碗牢牢端在自己手中，而且里面主要装中国粮。未来，有基础、有条件、有能力、有信心，始终牢牢把住粮食安全的主动权，中国特色粮食安全之路必将越走越宽广。（新闻报道 6 327 篇，社交平台发文 8 794 条）

我国秸秆综合利用率超 88%，秸秆还田生态效益逐步显现。①中国农网：

近日，农业农村部发布《全国农作物秸秆综合利用情况报告》。从 2019 年起，农业农村部建立了包含 13 种主要农作物的全国秸秆资源台账，覆盖全国 31 个省（自治区、直辖市）和新疆生产建设兵团，涵盖了产生秸秆的 2 963 个县级单位、使用秸秆的 3.4 万家市场主体，以及 34.3 万户抽样农户。报告基于台账数据，分析了当前全国秸秆利用基本情况和发展趋势。报告显示，全国农作物秸秆综合利用率稳步提升，2021 年，全国农作物秸秆利用量 6.47 亿吨，综合利用率达 88.1%，较 2018 年增长 3.4 个百分点。②人民网：2021 年，全国秸秆利用量 6.47 亿吨，综合利用率达 88.1%，较 2018 年增长了 3.4 个百分点。肥料化、饲料化、燃料化、基料化、原料化利用率分别为 60%、18%、8.5%、0.7% 和 0.9%，"农用为主、五化并举"的格局已基本形成。（新闻报道 8 050 篇，社交平台发文 4 067 条）

《人民日报》刊登《党的十九大以来大事记》，国务院办公厅印发的《关于切实加强高标准农田建设提升国家粮食安全保障能力的意见》位列其中。《人民日报》：为迎接中国共产党第二十次全国代表大会胜利召开，中共中央党史和文献研究院编写了《党的十九大以来大事记》。大事记集中反映了 5 年来党和国家事业取得举世瞩目的重大成就。其中，2019 年 11 月 13 日，国务院办公厅印发《关于切实加强高标准农田建设提升国家粮食安全保障能力的意见》，提出到 2022 年全国建成 10 亿亩高标准农田。2020 年 11 月 4 日，印发《关于防止耕地"非粮化"稳定粮食生产的意见》。2021 年粮食产量 1.37 万亿斤，创历史新高，连续 7 年稳定在 1.3 万亿斤以上。（新闻报道 2 661 篇，社交平台发文 2 262 条）

多地在盐碱地高效改良与综合利用方面取得创新成果。①中国新闻网：耐盐碱水稻测评会 11 日在山东青岛举行。测评会现场，专家对耐盐常规稻材料 22ZS-39 和 22ZS-44 进行了小面积试验田测产验收。测产结果显示，材料 22ZS-39 产量达每亩 608.9 公斤，材料 22ZS-44 产量达每亩 691.8 公斤。本次测评会由青岛海水稻研究发展中心组织，测产材料 22ZS-44 产量为每亩 691.8 公斤并打破往年纪录，实现 4‰ 盐度下耐盐常规稻产量的新突破。②中国新闻网：中国科学院东北地理与农业生态研究所农业专家前往大安示范区长岭示范基地进行测产。测产专家组认为，"东生 118"大豆品种可以在大安、松原等苏打盐碱地区大面积推广应用。该品种的成功培育为边际土地增加大豆种植面积提供了优良品种。"东生 118"大豆品种由中国科学院东北地理与农业生态研究所冯献忠团队利用分子设计技术选育，其研发的"中科豆芯"系列大豆液相育种芯片，使大豆后代选育效率较传统育种提高 80% 以上，打破了国外在这一方面的技术垄断。（新闻报道 1 368 篇，社交平台发文 652 条）

党的十八大以来，我国育种水平显著提升，供种保障持续增强，种业发展取得明显成效。①中国经济网：党的十八大以来，习近平总书记高度关心我国种业安全和发展，多次强调要把民族种业搞上去。党中央、国务院对种业发展作出多次重要部署。十年来，各级农业农村部门认真贯彻落实党中央、国务院部署要求，加快自主创新，为攥紧"中国种子"凝心聚力、协同攻关。推进种业改革发展，育种水平显著提升，供种保障持续增强，种业企业蓬勃发展，市场环境不断优化，为保障国家粮食安全和农业持续发展作出了重大贡献。②《光明日报》：党的十八大以来，我国种业发展取得明显成效。目前，农作物良种覆盖率在96％以上，自主选育品种面积占比超过95％。涉外资种子企业占我国种子市场销售总额的3％左右。农作物种子年进口量约占国内用种总量0.1％。总体上，我国农业生产用种安全有保障，风险可控。（新闻报道1 066篇，社交平台发文487条）

2022年我国实施黑土地保护性耕作面积8 300万亩，超额完成年度计划面积。①人民网：东北黑土地保护性耕作取得显著成效。2020年，农业农村部、财政部共同启动实施东北黑土地保护性耕作行动计划，在东北实施区域推广应用保护性耕作技术。3年来，东北四省（区）已累计在223个项目实施县实施保护性耕作2.01亿亩次，2022年实施面积达到8 300万亩，超额完成8 000万亩任务面积。共建设了56个整体推进县和712个县乡级高标准应用基地，25个县实施面积超过100万亩，四省（区）以点带面、梯次铺开的态势已经形成。②中国新闻网：据农业农村部网站消息，今年以来，农业农村经济总体保持良好发展势头，已建成高标准农田7 166万亩，占全年1亿亩任务量的71.7％。实施黑土地保护性耕作面积8 300万亩，超额完成年度计划面积。（新闻报道986篇，社交平台发文174条）

9.3.2　地区热点报道

监测期内，媒体主要关注黑龙江、重庆、海南、山东、河南等地区的农田建设情况，其中涉黑龙江的信息量最多，共211 473条；重庆次之，相关信息133 382条；海南位列第三，相关信息126 965条。其中，各省市农田建设信息量分布情况具体如下：

黑龙江：①全省粮食作物收获面积近九成。近日，黑龙江秋收工作进入高峰期，各地抢抓晴好天气，加快收获进度。目前，黑龙江全省粮食作物收获面积近九成。②开展整地作业，备战明年农业生产。近日，黑龙江垦区多地开展整地作业，备战明年农业生产。垦区发挥大马力机械集中联合作业优势，高标准开展整地、起垄作业，确保耕地实现"黑色越冬"。③齐齐哈尔市与中国科学院地理科学与资源研究所等单位合作，共建齐齐哈尔"黑土粮仓"保护科技示范区。齐齐哈尔市政府与中国科学院地理科学与资源研究所、黑龙江省农业科学院等单位合作，共建齐齐哈尔"黑土粮仓"保护科技示范区，研究攻关导致黑土地退化的关键因素，探索保护利用的技术路径。示范区以依安县和梅里斯区为核心，辐射嫩江流域，共部署 6 个研究项目与 7 个万亩以上攻关示范区。

重庆：①启动丘陵山区高标准农田改造提升示范工程，将改造提升 50 万亩高标准农田。10 月 15 日，记者从重庆市农业农村委获悉，重庆市已于近期在涪陵启动重庆丘陵山区高标准农田改造提升示范工程，今年将投入 20 亿元资金，在全市范围内完成 50 万亩丘陵山区高标准农田改造提升，进一步提升耕地质量。②巴南区今年全区已完成 3.7 万亩高标准农田建设。为了合理利用农田，巴南区在高标准农田建设中坚持建种一体推进，坚持"整治一片、合格一片、验收一片、种植一片"的分批次验收方式，结合种植季节，首先整治早熟玉米种植地，再整治中熟玉米和大豆种植地和水田，整治完即验收，验收完即播种。据了解，今年全区已完成 3.7 万亩高标准农田建设。③綦江区委书记主持召开专题会，研究高标准农田建设有关工作。10 月 19 日，重庆市綦江区委书记姜天波主持召开专题会，研究高标准农田建设有关工作。区委副书记、区长罗成，区领导关衷效、蒋华江、王德兵参加。会议听取了区农业农村委、广大农业公司关于全区高标准农田建设、2022 年丘陵山区高标准农田改造提升示范项目情况的汇报，与会同志作了交流发言。

海南：①海南省农业农村厅召开 2022 年第三季度全省高标准农田建设工作视频调度会议。2022 年 10 月 14 日，为进一步加快海南省高标准农田建设进度，调度各市县三季度高标准农田建设任务推进情况，按照高标准农田建设工作调度机制，海南省农业农村厅召开 2022 年第三季度全省高标准农田建设工作视频调度会议。②海南省农业农村厅农田建设管理处处长张运哲主持召开海南省第三次全国土壤普查外业调查采样工作研讨会。为扎实推进海南省第三次全国土壤普查试点工作，确保高质量完成外业调查采样工作。10 月 9 日，海南省三普办副主任、省农业农村厅农田建设管理处张运哲处长在省农科院主持召开了海南省第三次全国土壤普查外业调查采样工作研讨会，就各外业调查采样队伍近期在采样过程所面临的导航找点、样点布设、取样拍照、指标填写等问题进行了充分交流和经验分享。③琼中黎族苗族自治县召开 2022 年前三季度经济形势分析会，县委副书记蒋莉萍强调要多措并举扎实推进高标准农田建设。10 月 28 日上午，琼中黎族苗族自治县 2022 年前三季度经济形势分析会在县四套班子综合办公楼六楼会议室召开，会议总结全县经济运行情况，研究部署四季度经济冲刺工作。县委副书记、县长蒋莉萍强调，要多措并举扎实推进高标准农田建设，各乡镇要做到心中有底、心中有数，确保种植面积、产量"双增"。

山东：①东营市依托黄河三角洲农业高新技术产业示范区科研平台建设，深化盐碱地综合利用开发。山东东营依托黄河三角洲农业高新技术产业示范区科研平台建设，深化盐碱地综合利用开发，聚焦种质资源攻关，将改良盐碱地转变为改良种子来适应盐碱地，如今，当地正逐步变身为稳产增产的大粮仓。②庆云县推行"农田暗管排灌技术"，有助于节水灌溉，调节土地盐碱成分。在土地整理的基础上，引进现代农业（庆云）有限公司，推行农田暗管排灌技术，在地下铺设排灌管网，并通过传感、远程精准分析控制、物联网等技术手段，达到节水灌溉和调节土地盐碱成分的目的，凭借这一模式，庆云实现了旱地变水田的奇迹。③乐陵市滕家村建设 1 600 亩集中连片、稳产高产的高标准农田，增产趋势明显。在山东乐陵滕家村，承包地确权后，大伙儿把经营权入股到村集体合作社，而村集体合作社则将原来近千块零散的土地，在国家支持下，建设 1 600 亩集中连片、稳产高产的高标准农田。通过土地整合，不仅多出 100 多亩地，集中连片的高标准农田今年建成投入使用后，增产趋势也非常明显。

河南：①粮食总产量连续 5 年稳定在 1 300 亿斤。10 月 19 日，党的二十大新闻中心举行第三次集体采访活动。河南省委副书记、政法委书记周霁在回答记者提问时介绍，河南粮食总产已连续 5 年稳定在 1 300 亿斤，用全国 1/16 的耕地生产了全国 1/10 的粮食、1/4 的小麦。②周口市 4 年内将再建 270 万亩高标准农田示范区。为进一步落实"藏粮于地、藏粮于技"战略，根据省高标准农田示范区建设实施方案要求，周口市 4 年内将再建 270 万亩高标准农田示范区，居河南省第一位。③永城市加大采煤沉陷区综合治理力度，将沉陷区改造为高产田。河南省永城市加大采煤沉陷区综合治理力度，实现了采煤沉陷区的生态重建。眼下，沉陷区的水稻即将迎来收割。曾经满是荒草芦苇的沉陷区，经过治理成为高产田。今年，当地共种植水稻近千亩，不仅实现了调整农业种植结构、促进农民增加收入，更是为沉陷区生态修复保护提供了治理经验。

四川：①成都市 33 万亩高标准农田项目全面启动，总投资将达 10.46 亿元。10 月 11 日，打造新时代更高水平"天府粮仓"成都片区项目启动仪式在大邑县安仁镇召开，全市共 33 万亩高标准农田项目全面启动，总投资将达 10.46 亿元。②遂宁市编制《遂宁市高标准农田建设技术细则》，积极探索丘区高标准农田建设的"遂宁经验"和"遂宁模式"。连日来，遂宁抢抓秋收后"黄金时期"，全面掀起高标准农田建设项目开工热潮，努力将"粮田"变"良田"。作为四川全省唯一高标准农田整市整区域推进示范市，遂宁编制了适合川中丘陵地区实际的《遂宁市高标准农田建设技术细则》，积极探索丘区高标准农田建设的"遂宁经验"和"遂宁模式"。③泸州市龙马潭区已累计建成高标准农田 10.92 万亩。据悉，截至目前，龙马潭区已累计建成高标准农田 10.92 万亩，2022 年底将新建 0.8 万亩高标准农田。高标准农田建设为守护国家粮食安全，推动农业高质量发展夯实基础，也为龙马潭区奋力打造"一区一园五中心"和"一廊两带一基地"贡献强劲力量。

湖南：①株洲市召开耕地保护专题工作暨田长制推行工作会议，县市区人民政府递交耕地保护目标责任状。10 月 24 日，湖南省株洲市耕地保护专题工作暨田长制推行工作会议召开，会议听取全市耕地保护及田长制工作开展情况，各部门及县市区政府就遏制耕地"非农化"、防止耕地"非粮化"等工作以及目前工作存在的困难问题进行了深入交流，安排部署下步工作，县市区人民政府递交耕地保护目标责任状。②常德市高标准农田建设项目实现全流程电子化。9 月 19 日，桃源县高标准农田施工类专用评标办法的电子招标范本正式上线运行。"以前一个项目就有几尺厚的打印资料，现在实现了全流程电子化，在网上就能完成，省去不少成本。"据悉，采用新的电子招标范本后，中心已完成近 30 个项目的招投标工作。③益阳市赫山区启动土地数字化改革，土地利用效率明显提升。据统计，通过数字化改革，益阳市赫山区土地利用效率明显提升，今年双季稻面积增加 2.1 万亩。目前，全区共有 12 个乡镇实现了 11 万多亩土地承包经营权项目挂网。

江苏：①安排 53 亿元支持今年 400 万亩高标准农田新建任务。面对今年气候多变和灾害频发的状况，江苏省加大粮食生产政策扶持力度，推动水稻、小麦、玉米三大粮食作物保险产粮大县全覆盖，对大豆玉米带状复合种植在国家每亩补贴 150 元的基础上再给予每亩 170 元的补贴，省财政安排 53 亿元支持今年 400 万亩高标准农田新建任务。②苏州市"2021 年黄埭镇高标准农田零散地治理项目"被确定为 2022 年度苏州市高标准农田示范项目。近日，"2021 年黄埭镇高标准农田零散地治理项目"通过组织评审等程序，被确定为 2022 年度苏州市高标准农田示范项目，是江苏省苏州市相城区唯一入评项目。该项目于 2020 年 12 月 1 日开工，2021 年 4 月 27 日竣工，并于 2021 年 12 月 24 日通过苏州市级验收。③南通市海门区建设 3 个耕地质量提升及化肥减量增效示范点，为全域开展耕地质量提升提供了示范。南通市海门区建设了 3 个耕地质量提升及化肥减量增效示范点，为全域开展耕地质量提升提供了示范。近年来，海门区农业农村局将有机肥作为基肥在高标准农田项目区推广应用。

浙江：①嵊州市推出定制化水稻试种工作，帮助农户增收致富。在浙江嵊州市良种繁育场，收割机正根据 477 个水稻新品种的成熟时间开始有序收割。

今年，当地还推出了定制化水稻试种工作，为年糕等特色农副产品试种水稻新品种，帮助农户增收致富，助力乡村振兴。②宁波市举行第三次全国土壤普查剖面土壤调查与采样实操培训。宁波、鄞州两级土壤普查办人员，浙江省农科院数农所采样团队和农技人员代表等近日齐聚宁波鄞州姜山镇宏洲村，举行第三次全国土壤普查剖面土壤调查与采样实操培训，并在宏洲村挖下浙江省第三次全国土壤普查的"第一铲"。③金华市金东区推广"水稻—绿肥作物"轮作模式，确保种粮"有沃土""有前景"。金东区正通过高标准农田建设，提升粮食生产功能区基础设施建设水平和耕地地力，全力开展农田地力提升及化肥减量，推广"水稻—绿肥作物"轮作模式，改善环境质量，确保种粮"有沃土""有前景"。

广东：①阳江市召开秋收冬种暨高标准农田建设工作现场会。10月29日上午，阳江市秋收冬种暨高标准农田建设工作现场会召开，对下一步工作进行动员部署，强调要筑牢粮食安全"压舱石"，抢抓冬季有利时机推进复耕复种和高标准农田建设，掀起冬种生产热潮，确保全面完成各项目标任务。市农业农村局通报了秋收、高标准农田建设和撂荒耕地复耕复种有关情况。②遂溪县海水稻迎来丰收季，平均亩产达到400公斤。金秋十月，广东湛江海水稻迎来丰收季。海水稻是一种特殊的耐盐碱水稻，在湛江遂溪县卜巢村，村民们种植的800亩海水稻已经成熟，陆续开始收割。据了解，如今遂溪县海水稻种植面积稳定在12 000亩，平均亩产达到400公斤，最高亩产突破500公斤。③沙塘镇完成全镇206.87亩撂荒地整治，复耕进度达到100％。广东省江门开平市沙塘镇自撂荒地整治工作开展以来，坚守耕地红线和粮食安全底线，加快推进"藏粮于地"战略落实落地，通过党委统筹、支部发力、党员带动，持续把党的组织优势转化为撂荒地整治的效能。截至目前，全面完成全镇206.87亩撂荒地整治，复耕进度达到100％，"藏粮于地"在沙塘镇落实落地。

9.3.3　舆论焦点问题

监测期内，互联网平台上涉农田各类问题的信息18 526条，主要集中在廉政建设、农田建后管护、农田建设、耕地质量四个方面，其中与廉政建设相关的信息最多，占45.14％；农田建后管护相关信息排名第二，占42.54％；农田建设占9.00％，位列第三；耕地质量相关信息较少，占3.24％。农业农村部工程建设服务中心对相关信息进行进一步整理和分析，并选择其中具有代表性的观点进行汇总，摘录4类共14个焦点问题，包括廉政建设相关问题4个、农田建后管护相关问题4个、农田建设相关问题4个、耕地质量相关问题2个。

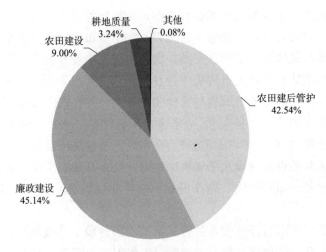

农田各类问题占比

9.3.3.1 廉政建设

陕西、甘肃等地存在毁麦现象，有关政府部门被指不作为。①陕西微博网民：2022年10月4日，在高镇铁路苗村，某钻井队雇佣村民动用铲车，将快要吃到嘴边的十几亩粮食整片毁坏，让人看着很是心疼！横山高镇人民政府对此违法行为不闻不问，让耕地被破坏，青苗被毁、土地被污染！②陕西微博网民：甘肃省华池县城壕镇东庄沟村多名村民反映，近期我们这里有人把一处长在基本农田里已经成熟的玉米毁掉，盗采土石料获利，粉尘扬起，生态环境被严重破坏。但是，监管者视而不见，县政府接到举报竟然无动于衷、漠然置之。

陕西等地存在村集体盗土、卖土问题。①网易网：在一些农村，村集体将废弃荒地、窑地、沟渠内土地卖出，获得集体收入，又因分配不均引发村内矛盾纠纷。没有尝到甜头的村民索性将自家耕地土卖出，抢土大战愈加疯狂。村集体"卖土"不是一时的，而是多年存在的现象。除了当地监管不力，还存在权力寻租、暗箱操作、利益输送等隐患。②陕西微博网民：我是陕西省富平县东华街道温泉村嘴头社区村民，我村村主任勾结支委委员兼三组组长挖坑卖土，而后倒运建筑垃圾破坏基本农田，改变土地面貌，使十几亩良田无法耕种！

山东、湖北等地有村干部擅自改变土地用途，违规转租耕地。①网易网：近日，山东省淄博市高新区中埠镇孟家村有多名村民举报，村书记私自将该村20多亩耕地转租给私人企业做塑料废品厂，村民们不但心疼挺好的耕地就这样被破坏，也担心污染的环境给自己身体健康造成影响。②微博大V"主编赵旭东"：湖市峰口镇的白庙、直岭、新沟三个行政村近万亩基本农田，被村干部租给他人种草或者养虾，根本没种任何粮食作物，却每年冒领大量国家粮食补贴。其中，白庙村 3 200 亩左右（白庙村一、二组 893 亩全部养虾。四墩片区 2 300 多亩，全部种草，还有一小部分则是种植莲藕）；直岭 4 000 多亩，绝大部分以养虾为主；新沟村 4 000 多亩，也是以养虾为主。

　　惠农补贴拨付环节较多，有村干部借机套取、截留、挪用补贴资金。①微信公众号"村事杂记"：惠农补贴全部都会通过惠农"一卡通"打到农民的账户上，许多地方的一卡通就是现在人人都有的社会保障卡。但是由于在拨付过程中环节较多，因而有很大的漏洞，容易被有心人给截留、冒领。"一卡通"的资金发放主要是由村组干部采集→乡镇审核→县级职能部门审核批准→财政部门向银行拨款→银行直接打卡到户。因此在采集环节上存在漏洞，有些村干部存在套取、截留、挪用补贴资金的情况。②微信公众号"新农合信息咨询"：9 月以后，农村各种惠农补贴发放，很多都是经过村委会、村干部之手上报、下发的资金。如农村低保、贫困户、五保户的补助金，粮食实际种植面积，土地流转补贴等。有些村子虚报实际情况，获取多余的补助装进个人腰包，侵占农民补贴，截留补贴资金等。

9.3.3.2　农田建后管护

　　有商业项目借地方招商引资大举拿地，大量耕地被占用甚至毁坏。①微信公众号"文旅瑾观"：某房产商大举拿下 3 000 亩的山地加农田（据称是一般农田，但我看那是基本农田），高调宣称要搞休闲农业项目。先拉围墙，把自己的地盘牢牢地圈起来，附带让围墙周边的农田部分遭殃。围墙拉好后，一荒三年再不理会。三年后，里面像长蘑菇一样长出很多独栋别墅，人家称是康养项目。很多主题公园、游乐场也开始巧借东风，大规模进军城郊的农村，成片成片地毁林、毁地、毁村。招商拿地的时候，承诺发展农业、拉动农村升级转型，最后却是目的性非常强的娱乐项目。至于像河北出现上千亩已流转土地"毁约弃耕"，不但浪费了土地资源，而且拖欠农民土地租赁款给农民造成伤害，这种伤害是多重的、持久的。②福州大学马克思主义学院教授舒展：为了发展中心城区和乡村经济，部分村庄的农业用地和住宅基地都遭受了地方土地政策的不利影响，出现耕地被占用乃至大幅减少的情况。第三次全国国土调查结果显示，2019 年末全国耕地 19.18 亿亩。从"三调"数据看，自 2009 年来，十年间全国耕地减少了 1.13 亿亩。这意味着集体经济中土地要素资源不断流失，经济基础不断削弱。

　　"水稻上山"引争议，有网民质疑有城市资本借此置换良田。①湖北头条网民：现如今在"三农"领域有一个炒得很火的热名词"水稻上山"。说是在云南某地将水稻搬到山上种，产量达到了 780 多公斤。但是，山坡水稻梯田建设成本巨大，国家和集体都没有大面积开发建设的必要和投资能力。我们要防止有些城市资本，在B处山地草草建一片劣质梯田，冠以"上山水稻田"，拿去置换A处对其发展有利的高产水稻粮田。②湖南头条网民：有专家鼓吹水稻上山，目的就是为房产商占用平原耕地寻找理由。他不会去考虑农民的种田成本和农动强度，以及在干旱下如何解决水源问题。我们这因为占补平衡，增减挂，有许多不宜耕种的半山坡被开垦成梯田，这些新地开垦出来后，就成了荒地，无人耕种。

有农民认为土地流转弊大于利，拒绝农地流转并反对集体进行调地。①广东头条网民：虽然有人愿意成片承包复耕，然而，有些村民宁愿让土地长草也不愿意租出去，各种各样的理由让人哑口无言。有的说，自己什么时候想吃点花生、甘薯、蔬菜就什么时候种，租出去了，想种的时候就没办法了；有的说，租金值不了几个钱，没必要又要签字又要盖手指模，租期到了又搞不清自己的土地在哪。②南京林业大学经济管理学院教授刘同山等人：一些离农进城农户出于各种原因，不仅拒绝农地流转，还反对集体进行调地。在不少地方，一些农户不参与流转且不允许集体调整自家的承包地，已成为制约农地集中连片和农业规模经营的重要原因。这是强调"农民"的土地财产权利而忽视集体所有权和农业发展，给农业转型带来的困难。

山东、江苏等地存在非法占用耕地问题。①山东微博网民：郓城县张营街道闫庄村S319两侧，近百亩耕地被非法占用无人管。路南，部分耕地被硬化，存放大量二手化工设备，路北也有部分耕地被占用，存放大量洒水车。②江苏网易网民：近日，亭湖区便仓镇界沟村一村民反映，界沟村原十三组陈某某，占用基本农田建设养猪场，对当地环境造成严重污染。基本农田只能用于粮、棉、油、蔬菜等种植业生产，不能用于养殖业。占用的耕地属于基本农田，一概不得占用建养殖场。在基本农田上建设养殖场是违法行为。

9.3.3.3 农田建设

江西、四川有高标准农田建设项目存在损害农民利益问题。①问政江西网民：2019年高标准农田建设期间，鄱阳县湾坂村全村（80户、400多人）世世代代遗留下来的菜园全部被铲除了，全村村民至今都没有菜园。这疫情三年来我们都是靠买菜度日，对于没有固定收入的农民来说生活压力太大。②问政四川网民：我们是芦山县龙门镇隆兴村下里组农民，我们非常支持政府高标准农田建设，可是，当初施工方承诺，建设不会挖一粒沙子，价值上百万的沙地全用于现场堡坎建设，但他们却边偷挖沙，边填土。

陕西定边县高标准农田项目被指延期十年未完工，并存在严重质量问题。微信公众号"法眼无界"：2012年，陕西省地建集团承建的定边县堆子梁镇王滩子村7 000亩高标准农田，总投资8 573.44万元。该工程于2012年4月开工至2012年11月交工，工期为8个月，可是一拖就是十年，至今都未交工。

陕西地建集团在王滩子村土地整治项目中对项目区水利设施、电力设施、道路、桥涵等施工均存在严重的质量问题，蓄水池成了臭水沟，从北到南无法供水，土地平整原模原样，土壤改良依旧盐碱化。

部分地区耕地呈现零碎、分散的空间特征，不利于耕作管理和机械化。①东北农业大学教授郭珍：目前，一些地方的耕地呈现零碎、分散的空间特征，耕地地块规模、集中连片规模、经营规模均较小，会使农资供应、肥水管理、病虫害防治、机械作业、技术服务无法统一，影响良种选用、作业效率及质量提升。在细碎化耕地上生产出的农产品品质差别大、不稳定，使品牌打造缺乏产品基础。②山西头条网民：零散细碎化的土地极不利于耕作管理和机械化，极不利于农业增效、农民增收和农村发展。因而致使农民的种地成本很高，种地效益十分低下，长期增收困难。绝大多数的农村中青年人被迫离开土地，外出另谋生路。

农业农村基础设施建设项目存在周期长、成本高、预期收益低等问题。中国银行研究院研究员范若滢：农业农村基础设施建设项目运作的市场化程度不足，导致对商业资金、社会资金的吸引力不够；农业农村基础设施建设项目还存在周期长、成本高等特点，与社会资金的匹配度不高。此外，我国当前农业整体产业效益不高，项目预期收益偏低，也在一定程度上影响了项目投融资。

9.3.3.4　耕地质量

黑土地耕垦年限增加、土壤有机质含量减少，可耕性越来越差。①微博大V"中国科普博览"：随着耕垦年限的增加和土壤有机质含量的减少，土壤的物理性质也发生了明显变化，土壤容重增加，保水、保肥、通气性能下降，土壤日趋板结，可耕性越来越差，抗御旱涝能力下降。黑土性状的退化必须予以遏止，大力恢复黑土地的优良特性已经成为当务之急。②南方都市报：黑土"变瘦"指的是有机质的下降。研究数据显示，东北黑土地土壤有机质降幅高达21%，是我国耕地土壤有机质唯一下降区域。

我国耐盐碱作物科研育种研究仍处在起步阶段。农业农村部种业管理司副司长杨海生：我国耐盐碱作物科研育种研究总体还处在起步阶段，耐盐碱基础理论研究不够系统，鉴定评价标准有待完善，充分挖掘盐碱地开发利用潜力仍面临不少问题和挑战，还有很长的路要走。

9.3.4　专家学者观点

落实"藏粮于地、藏粮于技"战略，树立"量质并重、用养结合"理念。①中国人民大学农业与农村发展学院党委书记吕捷：须从根本上树立耕地保护"量质并重"和"用养结合"理念，将"藏粮于地、藏粮于技"战略落到实处。继续强化耕地数量、质量、生态三位一体的保护理念，实施整体保护、系统修复与综合治理相结合，将耕地保护纳入生态文明建设的核心框架，实现山水林田湖草生命共同体整体保护。②中国农业大学经济管理学院院长司伟：十年来，我国深入推进作物良种联合攻关，围绕水稻、小麦、玉米三大粮食作物，成功培育出一批高产、优质新品种。通过建立基于机械化、信息化、智能化的现代生物育种技术体系，基本实现主要农作物良种全覆盖，自主选育品种面积占95％以上，中国种业企业逐步走进国际市场。大面积推广高效栽培技术，提高土地利用率，有效落实"藏粮于地、藏粮于技"战略，促进了粮食丰产丰收，科技创新支撑筑牢"国家粮仓"迈出坚实步伐。

探索推广保护性耕作方式，实现耕地保护与粮食稳产增产协同发展。①中国农业大学土地科学与技术学院院长李保国：要因地制宜推广秸秆翻埋还田、秸秆覆盖免耕等保护性耕作方式，尽快补上农机、秸秆综合利用等方面存在的一些短板。②中国科学院东北地理与农业生态研究所研究员李向楠：针对坡耕地区跑水跑肥等特点，探索使用了作物垄间覆盖栽培技术，有效减少水土流失，起到固土培肥作用。③中国科学院东北地理研究所副研究员陈学文：农安示范区通过新型条耕技术，有效解决当地因为秸秆量大，全量覆盖还田导致的地温低影响出苗，农机、农艺结合度不好的问题，实现黑土保育与粮食稳产增产协同发展。④中国科学院东北地理与农业生态研究所研究员周道玮：通过新垄型耕作、浅埋滴灌及牛粪还田等高效循环农业技术，可实现吉林西部盐碱风沙土区玉米稳产增产增效，助力吉林省"千亿斤粮食"工程。

整合零散细碎耕地，促进农业效率质量双提升。东北农业大学教授郭珍：对细碎耕地加以整合，将有助于加快基地建设速度。耕地是种植业高质量发展的空间载体，将生态良好、集中连片的耕地与良种结合，以高标准引领，能够产出品质优良稳定的农产品，便于品牌打造，提升种植业效益和竞争力。可以在村两委的组织下，将细碎化的耕地集中起来连片种植，再引入农业社会化服务组织提供专业服务，实现"一户一块田"、联耕联种、联管联营等；也可以成立土地合作社，并引入农业职业经理人和农业社会化服务组织实行农业共营制；或引入农业生产全程托管服务模式，为耕地提供规模化、专业化服务。

加大高标准农田建设力度，推动耕地保护及提质升级。①中国农业大学土地科学与技术学院教授朱道林：耕地是实现粮食安全的重要基础资源，要加强高标准农田建设，逐步把永久基本农田全部建设成为高标准基本农田，提升耕地质量，提高耕地单位面积的产出水平。②国家发展改革委价格成本调查中心研究员黄汉权：巩固和提升粮食综合生产能力，落实好"藏粮于地、藏粮于技"战略，大规模开展高标准农田建设，保护提升耕地质量，用现代技术和物质装备武装农业，提高农业良种化、机械化、科技化、信息化水平。③中国农业科学院农业经济与发展研究所研究员钟钰：从宏观层面看，既要确保农资补贴到位，全力做好防灾减灾工作，又要在推动高标准农田提档升级上下功夫。秋粮是全年粮食生产的大头。稳住了秋粮产量，几乎就稳住了全年粮食生产，对于确保全年粮食目标顺利实现意义重大。

加大农业智能化应用，提高农业生产效率。①中国科学院地理科学与资源研究所研究员廖晓勇：有了"大数据＋人工智能"技术的支持，我们实现了信息采集立体化、种植管理智能化、远程教育实效化、质量管理溯源化、产品销售电商化以及引领发展数据化。在数字赋能黑土地生态地理环境保护与可持续发展的同时，也为有机种植、农业品牌宣传、精准农作以及农业保险等提供数据支持，助力农民增产增收。②中国农业大学经济管理学院院长司伟：大批量农业机械化、智能化技术的普及应用，显著提高了我国农业劳动生产率。同时，农机智能化发展进程持续加快，北斗示范应用加速推进，自动驾驶拖拉机、无人插秧机、无人地面植保机、无人联合收割机等智能化设备应用更加广泛，植保无人飞机大面积应用，有效缓解了农村劳动力短缺与老龄化问题，降低了农业生产难度。③中国农业科学院都市农业研究所首席科学家任茂智：智慧农田中，物联网收集的各项指标参数是一个庞大的数据量，超算中心的算力支持，能够更好地将这些数据用起来，提升智慧农田的智慧度。在这个过程中，我们能对一些农作物的基因设计进行重新优化，让它们固定更多二氧化碳，进而把太阳能转化为化学能。这样在提高产量的同时，能进一步改善生态环境。

发展高效灌溉技术，提高节水灌溉效率。①中国农业科学院农田灌溉研究所研究员刘战东：中国农业科学院农田灌溉研究所非充分灌溉原理与技术团队成功研发了"基于气象信息的农田灌溉决策技术"，并入选"水利先进实用技术重点推广指导目录"。与以往根据单点土壤水分信息开展的灌溉决策服务不同，农田灌溉决策技术将作物水分诊断及灌溉预警决策与天气预报信息相结合，利用实时的气象信息，能指导更大面积的作物灌溉，有效提高了农田灌溉管理的科学性及区域灌溉水利用效率。②河南农业大学农学院副院长王晨阳：加强现代化智能装备建设，尤其是发展高效喷灌、滴灌等灌溉设备及智能化管理网络建设。大力发展节水灌溉势在必行。要发展节水灌溉，就必须发展节水灌溉设备，实现装备现代化。在发展高效节水灌溉设备上，要因地制宜、合理规划，以提高节水灌溉效率，实现农机农艺高度融合。

扩大农业农村重点领域资金投入，解决农业基础设施建设投融资难问题。①中国农业大学经济管理学院教授郭沛：农业农村重点领域项目的推进，将加大对农业农村的投资力度，发挥稳经济的重要作用。与此同时，对标全面推进乡村振兴、加快农业农村现代化目标任务，也需进一步聚焦稳定粮食生产、做优乡村特色产业等重点工作，促进农业农村经济转型升级。随着项目建设加快推进，多方也加大支持力度，进一步引导社会资本、金融资本等投向农业农村重点领域。②中国银行研究院研究员范若滢：政府投资与金融信贷投贷联动等创新实践能够较好地解决农业农村基础设施建设项目投融资难的问题，既有利于更好地调动商业资金的投资积极性，补充项目资金，也有利于创新项目金融产品和服务，强化项目市场化程度，实现多赢目标，推动农业农村建设项目尽快落地见效。

强化装备和科技支撑，夯实粮食安全根基。①中国农业科学院农业经济与发展研究所副所长孙东升：全面推进乡村振兴，要全方位夯实粮食安全根基，确保中国人的饭碗牢牢端在自己手中。要把全方位提升粮食综合生产能力放在突出位置，落实好"藏粮于地、藏粮于技"战略，牢牢守住18亿亩耕地红线，进一步强化农业装备支撑，完善粮食生产支持政策体系，切实调动农民种粮和地方政府抓粮积极性。②中国工程院院士万建民：粮食安全事关国计民生，是国家安全重要基础。习近平总书记在党的二十大报告中提出，全方位夯实粮食安全根基，牢牢守住十八亿亩耕地红线，强化农业科技和装备支撑，确保中国人的饭碗牢牢端在自己手中。③中国科学技术发展战略研究院研究员许竹青：我国人均耕地面积较少，农业资源和环境约束趋紧，粮食安全一直处于紧平衡状态，加快建设农业强国，首要任务是发挥科技力量夯实粮食安全根基，确保重要农产品供给。此外，还要加强种业关键核心技术攻关、挖掘耕地潜力，充分发挥科技创新在粮食产业链各环节的支撑作用，为国家粮食安全和重要农产品供给提供坚实保障。④农业农村部南京农业机械化研究所副所长曹光乔："夯实粮食安全根基"，就是让我们牢记器利农桑的使命，在装备智能化和山区农机研发上加强原始创新，多下工厂、多进地头，让祖国广袤农田驰骋更多"国字号"农机。

健全种粮收益保障机制，提高农民种粮积极性。①中国农业大学土地科学与技术学院教授朱道林：要健全农民种粮收益保障机制和主产区利益补偿机制。在市场经济体系下，无论是农民、新型农业经营主体，还是粮食主产区的地方政府，在保护耕地、保障粮食安全方面都会面临粮食生产利益低下的问题。因此，健全农民种粮的利益保障机制和实施耕地保护补偿机制，让农民种粮有利可图，让主产区抓粮有积极性，至关重要。②中国人民大学农业与农村发展学院教授程国强：要健全种粮农民收益保障机制和主产区利益补偿机制，让农民种粮有利可图、让主产区抓粮有积极性。要深化农业供给侧结构性改革，推动粮食产业高质量发展，提高粮食质量和品质，适应消费升级的需要。③国家发展改革委价格成本调查中心研究员黄汉权：完善粮食生产支持政策，加大对粮食主产区的财政转移支付，提高农民种粮补贴水平，调动和保护好主产区地方政府重农抓粮的积极性和农民务农种粮的积极性。④中国社会科学院农村发展研究所党委书记杜志雄：在资金投入上，农业农村优先投入政策对提高粮食综合生产能力的作用极为显著，用于产粮大县财政奖励资金、农业保险保费补贴、农业生产发展资金、目标价格补贴、农田建设补贴资金以及粮食风险基金等财政支出增加明显。今年针对燃油价格大涨、化肥等农资价格上涨导致种地成本增加的问题，中央财政三次发放农资补贴共计 400 亿元，对于调动农民种地特别是种粮的积极性发挥了重大作用。

保障水资源充足供给，提升盐碱地改用效率。中国农业大学土地科学与技术学院院长李保国：我国农田中有盐渍土约 1 亿亩，受到次生盐渍化威胁的潜在盐渍土 1.5 亿亩，非农田中尚有盐渍土约 1.5 亿亩。依据水盐运动的科学原理，盐碱地改良利用必须保证充足的水资源供给，局地盐碱土地资源才能做到可持续利用。一定条件下，耐盐植物利用或改良剂可提升资源利用效率或排盐效率。

10 高标准农田建设的绩效评价报告编制与管理

10.1 报告的必要性

绩效评价报告是绩效改进信息的载体，不论对于被评价部门还是农业部门来说，都具有重要作用。能否充分反映高标准农田建设实际状况，对高标准农田领域存在问题的揭示是否准确、原因剖析是否深入、改进意见是否具有针对性和可操作性，是决定绩效评价报告质量高低的关键，也是绩效评价结果能否得到有效应用的前提。

绩效评价报告是以评价为依据，以改进支出管理为目的，对高标准农田建设支出的经济性、效率性、效益性和公平性进行客观公正评判，回应高标准农田建设资金配置合理性、支出合规性、结果有效性问题，为高标准农田建设提供完善依据的决策咨询报告，是绩效评价最具体、最全面的成果展现，也是有效应用绩效评价结果的重要基础。作为绩效评价工作最终成果的集中反映，绩效评价报告体现着绩效评价工作的整体质量。但目前，高标准农田建设绩效评价报告存在重形式、轻内容、缺乏深度，难以为决策改进提供有效依据，评价结果难以应用等问题，提升报告质量是当务之急。

10.2 报告现存问题诊断

（1）报告结构不合理、重点不突出　就绩效评价报告写作看，无论其框架结构如何完整、文字表述如何规范，最终反映报告质量的是对于问题的揭示程度和提出的政策建议水平，这也是报告的价值和意义所在。目前，不少绩效评价报告的绝大部分篇幅都集中在介绍基本情况和评价工作，对问题揭示及政策建议的关注严重不足，从侧面反映了绩效评价工作未能聚焦绩效这一核心，偏离了"以结果为导向"的绩效管理要求，以至本末倒置，使绩效评价报告失去了实际价值，也使绩效评价应有的作用无法有效发挥。

（2）碎片化和交叉重复现象并存　财政部发布的《项目支出绩效评价管理办法》规定，绩效评价报告应包含被评价单位基本情况、评价工作开展情况、评价结论、指标分析、经验做法、存在的问题及政策建议等部分，确定了绩效评价报告的基本写作构架。但一些绩效评价报告的撰写者仅关注各形式要件是否齐备，至于各部分之间是否衔接，决策、目标、资金、管理、制度、执行、产出、效益之间是否具有一致性，彼此间如何相互作用、产生影响，则不在考虑之列，评价报告碎片化现象突出。同时，报告还需要具备指标体系探讨和问题揭示两部分内容，其中指标体系部分着重探讨各项指标的扣分原因，而这些原因通常又是被评价对象存在的问题，从而使绩效评价报告在指标体系和问题分析两部分存在大量重复。

（3）问题揭示浮于表面，原因分析缺乏深度　由于评价人员评价经验、知识储备不足等原因，部分绩效评价报告对问题的把握不够准确，对问题产生原因的分析不够透彻，常常误把细节问题当作主要问题。例如，针对"部分地区建设质量不达标""部分建设内容未与实际衔接""不考虑农田基础情况，均按最高标准建设"等现象，绩效评价未能发现这类问题，绩效评价报告也未能披露，不仅会严重影响绩效评价报告的质量，也使绩效评价的作用大大弱化。

（4）对策建议针对性不强，无法为绩效改进提供依据　绩效评价报告提出的对策建议，应有助于解决问题，并具有可操作性。但不少报告提出的对策建议粗略笼统、空洞泛化，与被评价对象相关度不高，与存在的问题关联度不强，使绩效评价结果无法应用，绩效报告无法发挥决策咨询的作用。

10.3　报告编制要求

（1）以评价目的为导向，契合需求与客观实际

①契合需求。不同类型、不同领域的绩效评价，有评价的侧重点。当前高标准农田建设绩效评价突出绩效导向、履职导向、问题导向、政策导向。此外，不同地区高标准农田建设项目自身的特点也会决定不同的评价重点和需求。在项目对接中，委托方提出对评价工作的关注点，以期绩效评价反映出对应的需求。因此，第三方绩效评价机构应与委托方积极沟通，了解并明确为什么开展本次绩效评价工作及关注点是什么，在撰写报告时以需求为导向进行客观具体呈现。

②保持客观。评价需求与评价项目的客观实际有时会产生矛盾，评价人员的主观情感与经验判断会影响报告评分的准确性，在利益相关方干预下产生的道德风险也会影响报告的真实性、客观性。因此，评价人应严格秉持绩效评价客观、公正、中立的价值观，数据资料要经过鉴别和验证，与现场调研相辅相

成，报告撰写要以数据和考察结果为立足点，保持理性思维，才能体现报告的客观性。

（2）以系统的结构、丰富的数据为基础，规划科学与内容饱满　高标准农田建设绩效评价报告需要全面合理的规划设计、一丝不苟的实地调研、有深度的绩效分析和项目研究。这就对评价方案、资料的收集加工整理、分析研究提出了极高的要求。评价方案已经确立了整个项目的指标体系、评价方法等，因此明确且切合项目的评价方案是形成优质报告的第一步。前期需要收集详细且全面的项目实施资料，查阅相关政策文件，依据项目内容、绩效目标与政策要求编制具体可行的实施方案，重点凸显指标体系 SMART 原则，从"投入-过程-产出-效益"方面全面反映并考察高标准农田建设。

实地调研作为绩效评价工作的另一重要环节，以进一步全面了解项目资金使用情况及发现问题为目的，现场调查要紧扣评价目的，数据收集整理要"去伪存真、去粗取精、由此及彼、由表及里"，在此阶段的有效工作决定后期报告撰写的整体质量。因此，需结合委托方需求、绩效评价指标体系去开展调研，发现项目实施优点与问题。同时，可结合评价工作需求，适当进一步细化绩效评价指标体系，保障评价的科学性与客观性。

（3）技巧和能力的融合，分析透彻、层次分明、语言精练　中央及地方已出台的规范性文件为绩效评价报告指引了方向，明确了报告各部分编制的内容及指标体系的框架，让报告有规范；掌握项目相关政策、把握实事，让报告有依据；行业动态、学术研究，都可以为评价提供技术指导，让报告有支撑；对关键人物的访谈，能达到事半功倍的效果，让报告更全面。因此，撰写者需要充实各部分的内容，做到客观准确、观点明确、层次分明。

绩效评价报告同样也体现出撰写者的逻辑能力、提炼归纳能力、语言表达能力。一是绩效报告要有一以贯之的逻辑，准确理解政策、文件，准确把握评价项目的目标，紧紧围绕指标体系，梳理问题的内部联系与本质原因，透过现象看本质，挖掘报告的深度。二是报告要高度提炼归纳、行文切忌堆砌文字。评价报告要从大量数据中发掘有价值的内容，提炼重点、归纳总结，突出绩效分析、问题及建议等部分，为相关部门解决问题提供切实可行的参考。三是使用严谨平实庄重大气的书面语体，强化语言文字的运用，准确规范、简明畅达地表述是对语言风格的要求，应使用与机关行文规范相符的特定词汇、语体和语言方式。

（4）探索到创新的升华，有亮点、有特色、有创新的报告　绩效报告在框架、内容、标准等方面经历了从摸着石头过河到高屋建瓴的过程，并逐渐向有深度、有广度、有高度的层面探索。但绩效报告如果浮于套路、不思改进，也会导致绩效报告同质化，严重影响绩效评价行业的活力。评价报告的复杂性、综合性、价值多元性，使其内在属性、写作规范、框架内容很难达到统一。因此，高标准农田建设绩效报告应体现评价者的自我学习及突破，根据不同的评价项目体现不同的创新，尤其注重评价方式的创新、评价工具的引用、个性指标的研究、针对不同评价尝试不同的评价策略。

10.4　报告编制程序

（1）确定绩效评价对象　绩效评价对象由各级财政部门和各预算部门（单位）根据绩效评价工作重点及预算管理要求确定。预算部门年度绩效评价对象由预算部门结合本单位工作实际提出并报同级财政部门审核确定，也可由财政部门根据经济社会发展需求和年度工作重点等相关原则确定。目前项目入库前是需要填写预算项目绩效目标的，因此针对相应的项目也应该开展项目的绩效评价。

（2）下达绩效评价通知　一般情况下，财政部门和各预算部门（单位）在实施具体评价工作前，应下达评价通知，内容包括评价任务、目的、依据、评价时间和有关要求等。

（3）确定绩效评价工作人员　由财政部门、被评价对象主管部门抽调单位成员或聘请专家、中介机构等第三方组成绩效评价组织机构，负责绩效评价工作的组织领导。财政部门应当对第三方组织参与绩效评价的工作进行规范，并指导其开展工作。

（4）制定绩效评价工作方案　财政资金绩效评价方案由财政资金绩效评价组织机构根据评价对象的特点，拟定具体工作方案。工作方案的基本内容包括：评价对象与负责人、评价目的、评价的依据、评价指标、评价标准、评价工作的时间安排、拟采用的评价方法、拟选用的评价标准、需要被评价对象及单位准备的评价资料及相关工作要求。

（5）收集绩效评价相关资料　评价小组根据需要，采取要求被评价对象单位提供资料、现场勘查、问卷调查与询问等多种方式收集基础资料。基础资料包括绩效评价对象的基本概况、财务信息、统计报表、财政资金使用情况、绩效自我评价报告等。

（6）对资料进行审查核实　对于收集的基础资料和相关数据，绩效评价小组成员应当深入实地核实有关数据的全面性、真实性，进而整理出可供财政资金绩效评价之用的相关资料和基础数据。

（7）综合分析并形成评价结论　评价资料整理出后，评价小组按照评价方案的要求进行评价工作，并作出评价的初步结论，该结论经评价单位审核后作为提交评价报告的依据。如果在评价工作中遇到疑难问题，可以聘请有关专家予以论证。

(8) 撰写与提交评价报告　评价报告是评价工作的成果，也是对被评价对象财政资金绩效情况的结论性报告。财政部门和预算部门开展绩效评价及财政资金具体使用单位应当按照本指南的规定提交绩效报告。预算部门应当对绩效评价报告涉及基础资料的真实性、合法性、完整性负责。财政部门应当对预算部门提交的绩效评价报告进行复核，提出审核意见。

(9) 评价结果反馈　制定评价结果反馈通知书，及时将绩效评价结果反馈到预算单位，与预算单位就绩效评价结果进行积极的沟通，进一步完善评估报告。预算单位根据绩效评价结果，就有关问题积极整改，进一步完善管理制度，提高管理水平，规范支出行为，降低支出成本，增强支出责任。

(10) 建立绩效评价档案　绩效评价工作完成后，绩效评价实施机构应进行工作总结，将工作背景、基本情况、初步结论、审核认定结果、评价工作过程中遇到的问题及政策与制度完善建议以书面材料等形式，上报绩效评价组织机构备案。绩效评价组织机构应妥善保管有关资料，建立财政资金绩效评价档案。对于涉及专项资金使用或工程项目的财政资金绩效评价报告及相关数据，应当建立项目库，进行动态性管理，以备对项目后续绩效的进一步评价。

10.5　报告编制纲要

(1) 基本情况

①绩效评价政策背景、目的及依据。

②预算安排及资金分配情况。

③绩效评价实施内容。绩效评价实施的具体内容（或政策受益条件及受益范围）、支出范围、所在区域、资金投向等。如果预算支出在实施期内，内容发生变更，应当说明变更的内容、依据及变更审批程序。

④绩效目标。主要包括：预期产出，包括提供的公共产品和服务的数量、质量、时效、成本等方面内容；预期效益，包括经济效益、社会效益、生态效益、可持续影响、社会公众或服务对象满意程度等方面内容；衡量预期产出、预期效益的绩效指标；其他等方面。

⑤绩效评价的组织及管理。主要反映绩效评价管理的组织结构，包括主管部门及实施部门的各自职责、实施流程及监管机制。

⑥利益相关方。明确预算支出利益相关方，分析各利益相关方如何参与预算支出决策、实施及运行。通常包括：主管部门、预算支出实施单位及与之相关的其他政府部门，预算支出的直接、间接受益者，公众等其他利益相关方。

⑦其他可能对绩效评价产生重要影响的情况。

（2）绩效评价主要依据　结合绩效评价对象具体情况，确定绩效评价的具体依据。

（3）绩效评价主要内容　结合绩效评价对象具体情况，确定绩效评价的具体内容。

（4）绩效评价指标体系及基础数据表　根据支出的决策、过程、产出和效益等方面全面设定绩效评价指标；同时设置符合预算支出特点的，能够反映预算支出绩效的基础数据表。对预算支出个性指标中的核心指标要说明其设定理由。

（5）绩效评价方法　绩效评价组应当明确绩效评价所选用的技术方法和工作方法，并说明其理由。

（6）绩效评价工作的组织与实施

①明确评价工作负责人及工作团队的职责与分工；②明确参与评价工作各相关当事方的职责；③明确绩效评价工作步骤及时间安排，确定每个阶段每个步骤的相关工作，并明确到专人负责。

11 高标准农田建设绩效评价展望

11.1 高标准农田建设绩效评价未来发展趋势

11.1.1 逐步完善高标准农田绩效评价制度建设

绩效评价、制度先行，高标准农田建设绩效评价制度建设在未来将着眼于机制的建立完善，以实现制度在更高层面的系统整合。高标准农田建设绩效评价的制度建设，主要围绕项目管理制度体系、工程后期管护、评价激励等方面，因地制宜开展制度化建设。一是完善管理顶层制度体系。《农田建设项目管理实施细则》及项目设计、评审、监理、施工、验收、管护等专项管理办法，形成较为完善的"1+N"管理制度体系，完善资金管理、激励评价和专管员制度等管理办法，实现项目建设全过程精细化管理。二是强化建后管护制度建设。在建立多元主体参与制度、稳定的资金投入渠道、建后管护的制度等方面不断进行探索。①充分调动生产经营主体、第三方机构、专职管护队伍等各方主体力量参与建后管护。②鼓励多形式、多渠道筹集管护资金，建立稳定的资金投入渠道。③严格建后管护标准要求，对农田水利工程建筑物、田间道路、农田林网等进行管护。三是探索形成高标准农田监测监督专项激励制度。

11.1.2 逐步提升绩效评价中信息化技术水平

注重系统化信息手段建设，将现代信息化技术与高标准农田建后绩效评价各环节深度融合，运用 RS、GPS、GIS 等技术，系统构建互联网＋、物联网＋、全生命周期的绩效评价技术体系，这些工作进一步体现了农业农村现代化能力的提升。①互联网＋高标准农田建设绩效评价体系。根据国家对农业建设精细化管理的新要求，不断开展高标准农田绩效评价系统升级改造。通过外业为主、内业为辅的巡查监测手段，对高标准农田建设项目进行全周期的实时动态绩效评价和全过程巡查，打造互联网＋高标准农田建设绩效评价体系，实现"一张表"管理、"一张图"分析和"一张网"评价。②依托领先的遥感技术获取高清遥感影像，采用地理信息技术，利用大数据和深度学习技术完成对遥感影像中的农作物信息进行识别与提取，可实现种植面积监测、产量监测、灾害预报等。③搭建以"农业物联网＋农产品质量安全追溯"为核心的综合农业智能化管理平台。④以数字信息技术为依托的田间智能作业。综合推动物联网、互联网的应用，利用数字信息技术，实行水肥一体化控制等田间智能作业，推动农田建设、生产、管护相融合，提高全要素生产效率，提高农业生产对自然环境风险的应对能力，使弱势的传统农业成为具有高效率的现代产业。

11.1.3　逐步构建农田全生命周期的绩效评价体系

高标准农田建设作为较为复杂的系统工程，其绩效评价行为应该遵循全生命周期管理的基本理论，即从高标准农田建设的立项规划、建设使用到运营维护的全过程进行监督和管理。及时发现高标准农田建设中存在的问题并实施全过程评价，能够密切关注建设数量和质量的动态变化，是保障高标准农田建设和管护资金合理使用、设施高效运作、农田有效利用、建后充分管护的关键。一是项目建设前期绩效评价模块。包括项目库建立、项目初步设计编制、项目评审、建设任务下达、项目实施计划编制和项目工程招投标，其中各级农业农村部门需对项目储备库建立和项目规划设计质量进行重点绩效评价。二是项目组织实施绩效评价模块。需重点绩效评价的环节主要包括项目工程监理、建设过程绩效评价和农田建设任务调度。模块规定监理单位定期上传监理轨迹、图片等信息供县级农业农村部门绩效评价；县级农业农村部门同时采用地面绩效评价 App 进行建设项目巡查，并通过平台上传巡查信息；根据农田建设任务调度制度，定期在平台填报调度信息，强化各级农业农村部门对项目工程进度的绩效评价。三是项目竣工验收绩效评价模块。包括单项工程验收信息的填报与审核，初步验收及整改信息填报与审核，项目竣工验收及项目抽检信息的填报与审核、单体工程和整个项目的评价等。四是项目管护和利用模块。包括项目管护主体绩效评价、管护情况评价、工作整改等信息的填报与绩效评价功能，以及农田利用动态监测、农田产能动态评估等功能。

11.1.4　逐步构建多主体参与的绩效评价联动机制

高标准农田建设项目的整个过程涉及各级政府及农业、财政、发改等部门，以及设计单位、施工单位、监理单位、村集体组织、村民等多个利益相关主体，各阶段的多要素均影响高标准农田建设项目的最终成效。多主体中，政府部门的绩效评价责任主体地位不可动摇，但发挥政府绩效评价作用的同时，还要看到政府部门的绩效评价积极性不高和精力不足的缺陷，通过一系列举措，调动新型投资主体、社会组织、农村集体经济组织、新型农业经营者、农民、社会公众和媒体等多元主体参与到全过程的绩效评价中来。充分发挥主体的主观能动性。实施绩效评价行为的收益大于成本时，主体才会热衷参与到高标准农田的绩效评价中来。云南省、辽宁省、江苏省等地所采用的高标准农田建设绩效评价模式，通过正反激励相结合的绩效评价的激励机制、畅通且多元化的表达渠道、合理合法的多媒介宣传，加强各方主体的自觉性与主动性，保障高标准农田建设全过程的信息公开力度，有效强化多个参与主体的自我认知，充分发挥群众绩效评价潜力。建立完善"监检联动"机制。高标准农田建后绩效评价工作进行了"行为评价＋技术评价"的探索，有效联动信息化技术和多主体参与，以"高空看、智能判、网上管、群众报、地上查"为机制运行逻辑。

11.2　高标准农田建设绩效评价模式预期运行机制

11.2.1　科学设定高标准农田建设绩效评价内涵与外延

各地高标准农田建设绩效评价的具体做法及其重心有所差异，比如建设质量、满意度等评价内容的差异，这些差异源自各个地区对于高标准农田建设绩效评价的内涵外延的理解的不同。通过对多个地方的案例进行分析、理解、总结，本文初步形成了具有分工化、模块化、链条化的"三化"特征的高标准农田建设绩效评价内涵与外延。

高标准农田建设绩效评价分工化。借鉴第三方评估、矿山环境治理保证金制度、农田水利社会化管护和退耕还林管护奖补机制，从资金保障、主体责任、机制体系、激励方式4个层面进行高标准农田全过程绩效评价机制，包含全过程的第三方绩效评价、项目中期的质量进度保证金机制、建后的社会力量管护和农民管护奖补制度，形成健全的全过程、多层级绩效评价体系，科学合理评价建设中期项目质量和施工方，着力关注并有效解决建设后管护机制缺失、公众参与不足、主体动力缺失和资金保障缺乏等问题。

高标准农田建设绩效评价模块化。一是高标准农田一张图可视化管理，包括农田基础信息、耕地质量分布、管护信息一张图，实现农田建设各要素的可视化监测与管理。二是高标准农田智能决策分析管理，该管理内容是为了实现农田建设项目的选址依据及相关耕地质量数据的管理与分析的目标，主要包括高标准农田建设选址分析、高标准基本农田建设选址区域耕地质量分析。三是高标准农田项目建设评价管理，主要是对农田建设的规划、建设、评价等相关管理过程进行管理，并实现高标准农田项目库、建设成效的跟踪与评价。四是高标准农田资源数字化管理，包括网格化的农田资源管理、线上线下相结合的耕地质量资源管理、基于移动巡查管护的农田建设动态监测。

高标准农田建设绩效评价链条化。以项目全生命周期管理理论为基础，以国家相关部门的政策为指导，高标准农田建设绩效评价应当从建前-建中-建后3个环节识别关键问题并针对问题提出相应解决机制。建设前期以立项规划为重心，建设中期以项目建设为要点，建设后期以管理维护为核心，以"数据-知识-决策-应用"为主线，采用绩效评价数据立体化采集体系，使用项目工程可溯源的链式绩效评价方式，以项目绩效评价一张图辅助管理系统进行项目管理，切实构建高标准农田建设绩效评价的全过程绩效评价平台。

11.2.2　多主体全过程的高标准农田绩效评价模式运行

多主体参与。高标准农田项目生命周期较长，涉及各级政府及农业、财政、发改等多部门，以及施工单位、监理机构、农民、村集体等多个利益相关主体，各阶段的多要素均影响着高标准农田项目的最终使用成效。因而需注重高标准农田项目的整体性绩效评价，以项目全生命周期管理理论为基础，构建多主体全过程的高标准农田绩效评价机制，保障高标准农田项目功效的发挥。

第三方评价。"第三方"是指独立于委托方和被调查对象且与双方无利益往来的机构或者团体、专业评估组织等。主管部门可通过采取直接组织或者委托第三方的方式，择优选择第三方评价机构进行全过程绩效评价，并对第三方监督机构的工作进行管理。所需经费应由市级财政安排专项资金。全过程第三方评价可以借助社会力量，强化监管职能。第三方机构独立于高标准农田建设项目各方利益主体，不仅能减轻地方管理者压力，缓解专业技术力量不足，更能实现贯穿全过程、高覆盖、多频次、更客观的常态化绩效评价。

11.2.3　高标准农田建设绩效评价所采用的信息化技术

新技术在农田建设绩效评价方面的应用。各地深化遥感、物联网、智能传感等技术在农田建设绩效评价的应用研究。特别是在天空地一体化数据采集方面，要重点分析卫星、低空无人机、地面物联网等技术在农田建设绩效评价工作中的优势与应用，加快推动与农田绩效评价工作的高效融合。深入分析红边、红外、微波等不同波段对农田建设绩效评价的适宜性和客观性，减少人为干扰因素，增强分析工作的精准度和科学性，以便更好地为高标准农田建设绩效评价工作提供支撑。

农田建设绩效评价集成装备的研发。加强智能感知、分析、控制等技术在农田建设绩效评价领域的软硬件开发。应用北斗导航定位与空间分析技术研发农田建设绩效评价 App，更直观准确地开展高标准农田建设质量、空间分布、管护及利用情况绩效评价。

农田建设绩效评价平台的开发。农田建设综合绩效评价平台的开发建设是各地工作的重要内容，增强开展绩效评价的数据处理自动化、智能化水平，逐步形成数据实时备案、及时统计分析、自动核查比对、问题自动预警、结果及时反馈的云计算办公平台，进一步减少重复填报、提高绩效评价效率，实现农田建设项目动态、精准、全流程的数字化绩效评价。

逐步构建了精细化、数字化、智慧化、多元化的农田建设绩效评价模式。一是深入推进建设工程全要素上图入库，加快开展高标准农田建设绩效评价数据标准的制定，全面推动已建、在建和新立项项目设计方案矢量化、提升农业大数据挖掘能力。二是大力推进高标准农田数字化建设，数字农业建设是推进农业高质量发展的重要抓手，而高标准农田是推动数字农业发展的重要载体。三是积极发展遥感大数据智能监测技术，推进高标准农田建设工程设施自动化遥感监测、开展已建高标准农田设施管护和建设成效遥感监测评估、推进撂荒地和耕地种植情况遥感监测分析、开展农业灾情遥感定量监测。四是主动建立主体多元化的绩效评价体系，完善多部门协同绩效评价和数据共享机制，拓宽第三方绩效评价主体和公众监督渠道，建立健全农田建设绩效评价的市场化绩效评价服务体系和社会监督体系。

11.3 高标准农田建设绩效评价提升建议

11.3.1 强化农田建设项目管理全流程绩效评价模式

一是增强关联数据比对，强化项目选址监管。强化收集项目区域最新国土调查成果、国土空间发展规划、粮食生产功能区和重要农产品生产保护区成果，以及水资源规划、生态环境保护规划等基础矢量数据，并与历年高标准农田建设项目矢量数据进行空间分析、比对核查地块，摸清项目地块基本信息；深入了解建设项目属地情况，结合区域种植农作物的品类和属性及对种植区域进行科学划分，合理保障农田的规整性，避免土地破碎化。

二是增强关键环节管理，强化项目实施绩效评价。全面实行"主管部门指导到位、建设单位督查到位、监理单位监管到位、群众参与绩效评价、施工单位施工到位"的"五位一体"管理模式，建立全方位绩效评价体系，实现全过程覆盖绩效评价。严抓施工单位"五大员"和监理的指纹考勤管理，督促项目经理和管理人员到施工现场抓质量、抓安全、抓进度，进一步规范参建单位行为，确保严格履行合同约定。建立定期调度机制，采取日检查、周通报、旬点评的方式，定期会商调度，并通过项目微信群，及时通报施工现场人员、机械数量等情况，随机进行实时视频调度抽查和对接项目现场施工情况，保证项目按进度计划有序实施。

三是增强验收工作质效，强化项目验收绩效评价。抓好上图入库、勘察设计、竣工结算、工程管护移交等重要环节，委托第三方专业技术队伍，优选有农田建设项目验收经验，并且具备工程、造价、财务等相关专业中级以上职称人员参与，对照合同内容和标准，全面开展验收工作，不留盲点死角，形成验收底稿和问题清单，并对验收中发现的问题实行"零容忍"，责令相关单位限期整改完成。

四是增强建成项目后期管理，强化项目管护利用绩效评价。落实项目受益乡镇、村居和经营主体的管护责任，积极探索"运行管护＋保险"新模式。建立上下贯通、环环相扣的责任体系，探索田长制、网格员等制度，把高标准农田工程建后管护纳入农村公共基础设施网格化管理范畴，围绕工程设施建后的正常运转和高水平利用开展网格化管理。依托遥感技术、大数据信息化手段评估各年建成项目的产能成效，以及农田利用情况。对于产能持续下降或未达标的项目，发布工作预警，并协同当地主管部门现场核查项目利用情况以及管护水平；同时反向追溯项目的立项审批，对于项目立项不当的地区，提出整改意见并严格审核后续立项项目，切实保证各建成项目能够紧密围绕既定目标持续高效运转，支撑产能目标实现。

11.3.2　完善高标准农田建设工程质量绩效评价体系

针对存在的问题，应在项目前期工作、项目实施过程和事后绩效评价等流程中有针对性地抓住工程质量管理的关键环节。加快构建以规章制度为基础、行业技术标准相结合的质量管理机制，建立政策法规与相关技术标准相配套的质量标准体系，推动质量建设稳中求进、行稳致远，实现高标准农田高质量发展。结合农田建设项目特点，应强化质量保障体系建设，提高行业主管部门质量管控能力。

一是强化行业主管部门的质量监督体系，进一步强化业务主管部门监督职责，规范验收程序，明确相关责任，增强项目质量监督力度。建立完善质量监督评价制度和评价技术体系，强化质量评定、诚信缺失、验收等结果的运用。

二是强化监理单位的质量控制体系，优选有资质有能力的监理单位，明确监理任务及职责，认真开展旁站监理、平行检测、跟踪检测、定期巡查等，防止缺位。

三是建立建设单位的质量检查体系，推行全面质量管理，推广先进的科学技术和施工工艺，努力创建优质工程，不断提高工程质量。

四是加强设计、施工单位的质量保证体系，坚持先勘察、后设计，严格实地踏勘，科学合理设计，强调设计及施工质量终身制，建立工程质量验收合格证制度，落实质量责任制。

11.3.3　深入推进农田建设监测监督多主体参与

一是督促委托机构责任践行。建设单位进一步加强对委托单位的监督作用，尤其是长期现场跟进建设工作的监理机构。项目监理单位应按规定采取旁站、巡视、平行检验等多种形式开展全过程监理，加强施工材料质量、隐蔽工程施工、单项工程验收等关键环节监理，对施工现场存在的质量、进度、安全等问题及时督促整改并复查。监理单位应及时收集、整理、归档监理资料，按约定期限如实向项目法人及县级农业农村部门报告工程施工进度、工程质量、安全生产和相关控制措施。县农业农村局应不定时现场抽查工作。

二是充分发挥群众绩效评价潜力。组织开展农田项目建设应坚持农民自愿、民主方式，调动农民主动参与项目规划、建设、监督和管护等积极性。尊重农民意愿，项目申报、实施应以"农民要办"为前提，建立起以农民为主体的运行机制。项目村应推选群众代表参与工程建设现场质量监督，会同监理机构监督施工单位严格按照设计图纸、施工标准和规范进行施工，督促施工单位建立健全工程质量保证体系、现场工程质量自检制度、重要结构部位和隐蔽工程质量预检复检制度，参与施工现场的建筑材料、构配件和设备抽检，参与工程转序验收。

11.3.4　着力构建农田建设绩效评价专业化队伍

一是招录相关专业人才，逐步优化人员专业结构。通过公开招考、选调等方式，充实农田建设绩效评价相关专业人才。人才招录要适当向县级、乡镇倾斜，严格按照专业分配到项目建设岗位，通过实践锻炼培养专业人才。

二是加强系统内部业务培训。结合农田建设管理形势和任务要求，常态化、制度化组织经验交流、现场观摩、政策解读等业务培训活动，不断改进培训方式，充实培训内容，加大培训力度。

三是与科研院所协作开展培训。针对项目初步设计、工程监理等专业性强的业务，委托相关科研院所定期举办培训班，有条件的可以依托高标准农田建设成立相关的研究院（所），特定岗位的人员要求通过培训上岗，提升专业管理水平。

四是鼓励学历学位教育。结合农田建设绩效评价工作实际需要，明确岗位要求、经费补助等鼓励学历、学位教育提升措施。

五是开展系统内人员交流。省市县之间做好人员交流，通过挂职、任职等方式，鼓励把年轻同志在一线历练作为提拔条件，促进其掌握实用的专业知识，为构建农田建设专业绩效评价队伍充实好后备力量。

11.3.5 完善绩效评价制度，落实建后管护资金

农田建设项目工程应当建立"政府监督、专业评价、群众参与"的"三位一体"工程质量评价机制，县级农业农村部门应加强对施工各环节的质量监控，确保工程建设质量和进度；将地州填报系统工作作为农田建设重要环节之一，确定合适的填报人员，落实到个人，集体培训讲解系统及操作，明晰职责范围，确保绩效评价平台应有的作用发挥；鼓励创建合理的运营机制，自筹管护资金，部分条件艰苦地方应给予或上调一定的管护资金，使已建农田发挥应有的效益。

11.3.6 加快提高农田建设绩效评价信息化水平

一是探索新技术在农田建设绩效评价方面的应用。深化遥感、物联网、智能传感等技术在农田建设绩效评价的应用研究。特别是在天空地一体化数据采集方面，要重点分析卫星、低空无人机、地面物联网等技术在农田建设绩效评价工作中的优势与应用，加快推动与农田绩效评价工作的高效融合。深入分析红边、红外、微波等不同波段对农田建设绩效评价的适宜性和客观性，减少人为干扰因素，增强分析工作的精准度和科学性，以便更好地为高标准农田建设绩效评价工作提供支撑。

二是加强农田建设绩效评价集成装备的研发。加强智能感知、分析、控制等技术在农田建设绩效评价领域的软硬件开发。应用北斗导航定位与空间分析技术研发农田建设绩效评价核查 App，更直观准确地开展高标准农田建设质量、空间分布、管护及利用情况绩效评价。

三是完善农田建设绩效评价平台的开发。继续完善农田建设综合绩效评价平台的开发建设，增强开展绩效评价的数据处理自动化、智能化水平，逐步形成数据实时备案、及时统计分析、自动核查比对、问题自动预警、结果及时反馈的云计算办公平台，进一步减少重复填报、提高绩效评价效率，实现农田建设项目动态、精准、全流程的数字化绩效评价。

REFERENCES 参考文献

［1］项骁野，王佑汉，李谦，等. 中国耕地保护与粮食安全研究进展可视化分析［J］. 中国农业资源与区划，2022，43（10）：267-277.

［2］韩杨. 中国粮食安全战略的理论逻辑、历史逻辑与实践逻辑［J］. 改革，2022（01）：43-56.

［3］师诺，赵华甫，任涛，等. 高标准农田建设全过程监管机制的构建研究［J］. 中国农业大学学报，2022，27（02）：173-185.

［4］刘丹，巩前文，杨文杰. 改革开放 40 年来中国耕地保护政策演变及优化路径［J］. 中国农村经济，2018（12）：37-51.

［5］王晓青，史文娇，邢晓旭，等. 高标准农田建设适宜性评价、效益评价及影响因素解析的研究方法综述［J］. 中国农学通报，2019，35（19）：131-142.

［6］陈正. 高标准农田建设工作中亟须解决的几个问题及对策建议［J］. 中国农技推广，2019，35（10）：8-9.

［7］姚士桐，王宁，叶晨，等. 高标准农田建设瓶颈及破解途径研究［J］. 当代农村财经，2020（08）：42-46.

［8］韩杨，陈雨生，陈志敏. 中国高标准农田建设进展与政策完善建议——对照中国农业现代化目标与对比美国、德国、日本经验教训［J］. 农村经济，2022（05）：20-29.

［9］白香燕. 农业综合开发高标准农田建设项目绩效评价研究［J］. 市场研究，2017（09）：20-21.

［10］王文兵，焦赞美，干胜道. 项目支出绩效评价：变革与挑战［J］. 财会月刊，2020（23）：21-26.

［11］牛善栋，方斌. 中国耕地保护制度 70 年：历史嬗变、现实探源及路径优化［J］. 中国土地科学，2019，33（10）：1-12.

［12］郭永田. 大力建设高标准农田　推动农业高质量发展［J］. 农村工作通讯，2019（01）：35-38.

［13］孙春蕾，杨红，韩栋，等. 全国高标准农田建设情况与发展策略［J］. 中国农业科技导报，2022，24（07）：15-22.

［14］毕芳英，闵捷，刘瑶，等. 高标准农田建设研究综述［J］. 安徽农业科学，2016，44（02）：240-243.

［15］方言. 藏粮于地、藏粮于技 夯实国家粮食安全基础［J］. 中国粮食经济，2020（06）：

48-52.

[16] 张睿智，刘倩媛，山长鑫，等．"藏粮于地"战略下高标准农田建设模式研究 [J]．中国农机化学报，2021，42（11）：173-179．

[17] 胡新艳，戴明宏．高标准农田建设政策的粮食增产效应 [J]．华南农业大学学报（社会科学版），2022，21（05）：71-85．

[18] 宋泽玺．新发展阶段高标准农田建设项目绩效审计评价指标体系研究 [D]．兰州：兰州财经大学，2022．

[19] 李义龙，廖和平，张亚飞，等．乡村振兴背景下镇域高标准农田建设条件及发展模式研究 [J]．西南大学学报（自然科学版），2019，41（02）：90-99．

[20] 方勃．藏粮于地 藏粮于技 [J]．基层农技推广，2020，8（03）：5-9．

[21] 曹宏智．"四个注重"扎实推进高标准农田建设项目绩效评价工作 [J]．财政监督，2017（05）：44．

[22] 刘昊璇，赵华甫，齐瑞．多中心治理下高标准农田建设监督管理机制研究 [J]．中国农业资源与区划，2022，43（03）：164-172．

[23] 安百杰．公共服务供给视角下的财政项目绩效评价研究 [D]．济南：山东大学，2020．

[24] 普蓂喆，钟钰．当前我国粮食支持政策改革研究 [J]．理论学刊，2021（06）：88-99．

[25] 孔祥斌．中国耕地保护生态治理内涵及实现路径 [J]．中国土地科学，2020，34（12）：1-10．

[26] 杜鹰．中国的粮食安全战略（下）[J]．农村工作通讯，2020（22）：17-21．

[27] 史普原，李晨行．从碎片到统合：项目制治理中的条块关系 [J]．社会科学，2021（07）：85-95．

[28] 王鸣洪．高标准农田建设工程绩效评价探索 [J]．中国乡镇企业会计，2022（11）：89-92．

[29] 张士功．耕地资源与粮食安全 [D]．北京：中国农业科学院，2005．

[30] 王淑慧，周昭，胡景男，等．绩效预算的财政项目支出绩效评价指标体系构建 [J]．财政研究，2011（05）：18-21．

[31] 吴彦霖，陈聪，吴海宏，等．公共投资项目绩效评价与预算分配研究——以江苏省农业基本建设项目为例 [J]．江苏农业科学，2019，47（09）：326-328．

[32] 钟太洋，黄贤金，陈逸．基本农田保护政策的耕地保护效果评价 [J]．中国人口·资源与环境，2012，22（01）：90-95．

[33] 赵琦，陈曙光，叶新华．高标准农田建设的做法与思考 [J]．农业开发与装备，2009（05）：18-21．

[34] 孙强，蔡运龙．日本耕地保护与土地管理的历史经验及其对中国的启示 [J]．北京大学学报（自然科学版），2008（02）：249-256．

[35] 方琳娜，李建民，陈子雄，等．日韩农田建设做法及对我国高标准农田建设启示 [J]．中国农业资源与区划，2020，41（06）：1-6．

[36] 聂英．中国粮食安全的耕地贡献分析 [J]．经济学家，2015（01）：83-93．

[37] 吕振宇，牛灵安，郝晋珉. 中国基本农田的研究综述 [J]. 江苏农业科学，2017，45 (20)：24-27.

[38] 宋丽丽. 我国粮食安全存在的问题及保障措施 [J]. 现代农业科技，2022 (18)：183-185.

[39] 宋小青，欧阳竹. 耕地多功能内涵及其对耕地保护的启示 [J]. 地理科学进展，2012，31 (07)：859-868.

[40] 罗文斌，吴次芳. 农村土地整理项目绩效评价及影响因素定量分析 [J]. 农业工程学报，2014，30 (22)：273-281.

[41] 白俊峰，尹贻林. 农业建设项目过程绩效评价研究 [J]. 中国农机化，2011 (06)：57-60.

[42] 汪建华. 预算绩效评价指标体系构建 [J]. 高教发展与评估，2010，26 (06)：104-110.

[43] 李凌，何君，耿大立. 国际视野下农业建设项目绩效评价指标设计 [J]. 山西农业大学学报（社会科学版），2013，12 (07)：672-678.

[44] 符静静. 农业基本建设项目绩效评价体系构建 [D]. 海口：海南大学，2015.

[45] 马蔡琛，陈蕾宇. 关于构建项目支出预算绩效评价指标框架的思考 [J]. 河北学刊，2018，38 (04)：133-140.

[46] 唐秀美，潘瑜春，程晋南，等. 高标准基本农田建设对耕地生态系统服务价值的影响 [J]. 生态学报，2015，35 (24)：8009-8015.

[47] 郧文聚. 我国耕地资源开发利用的问题与整治对策 [J]. 中国科学院院刊，2015，30 (04)：484-491.

[48] 李苏兰. 农业建设项目资金运行管理过程中存在的问题与建议 [J]. 新理财，2022 (07)：61-64.

[49] 吴泽斌，刘卫东，罗文斌，等. 我国耕地保护的绩效评价及其省际差异分析 [J]. 自然资源学报，2009，24 (10)：1785-1793.

[50] 董祚继. 中国现代土地利用规划研究 [D]. 南京：南京农业大学，2007.

[51] 顾莉丽. 中国粮食主产区的演变与发展研究 [D]. 长春：吉林农业大学，2012.

[52] 薛剑，韩娟，张凤荣，等. 高标准基本农田建设评价模型的构建及建设时序的确定 [J]. 农业工程学报，2014，30 (05)：193-203.

[53] 史舟，梁宗正，杨媛媛，等. 农业遥感研究现状与展望 [J]. 农业机械学报，2015，46 (02)：247-260.

[54] 朱玉龙. 中国农村土地流转问题研究 [D]. 北京：中国社会科学院，2017.

[55] 赵素霞，牛海鹏，张捍卫，等. 基于生态位模型的高标准基本农田建设适宜性评价 [J]. 农业工程学报，2016，32 (12)：220-228.

[56] 刘立刚，廖倩凯，刘烨斌，等. 高标准农田建设项目三方演化博弈与仿真研究 [J]. 农林经济管理学报，2022，21 (03)：298-309.

[57] 于法稳，代明慧，林珊. 基于粮食安全底线思维的耕地保护：现状、困境及对策 [J]. 经济纵横，2022 (12)：9-16.

[58] 高亚莉，贾康. 财政投资项目绩效评价：基于修正的成本—效益分析法 [J]. 财会月刊，2022（09）：130-137.

[59] 曾福生. 高标准农田建设的理论框架与模式选择 [J]. 湖湘论坛，2014，27（04）：61-68.

[60] 刘应元，冯中朝，李鹏，等. 中国生态农业绩效评价与区域差异 [J]. 经济地理，2014，34（03）：24-29.

[61] 王新盼，姜广辉，张瑞娟，等. 高标准基本农田建设区域划定方法 [J]. 农业工程学报，2013，29（10）：241-250.

[62] 张燕林. 中国未来粮食安全研究 [D]. 重庆：西南财经大学，2010.

[63] 刘新卫，李景瑜，赵崔莉. 建设 4 亿亩高标准基本农田的思考与建议 [J]. 中国人口·资源与环境，2012，22（03）：1-5.

[64] 李少帅，郧文聚. 高标准基本农田建设存在的问题及对策 [J]. 资源与产业，2012，14（03）：189-193.

[65] 娄祝坤，张川. 政府绩效审计理论基础及评价体系构建 [J]. 财会月刊，2013（06）：93-95.

[66] 刘洋，霍剑波，赵跃龙，等. 中国农业建设项目可行性研究存在问题与对策分析 [J]. 中国农业资源与区划，2014，35（06）：75-78.

[67] 张禹. 耕地地力等级评估在高标准农田建设项目管理中的应用 [J]. 中国农业综合开发，2022（02）：37-39.

[68] 张天恩，李子杰，费坤，等. 高标准农田建设对耕地质量的影响及灌排指标的贡献 [J]. 农业资源与环境学报，2022，39（05）：978-989.

[69] 梁志会，张露，张俊飚. 土地整治与化肥减量——来自中国高标准基本农田建设政策的准自然实验证据 [J]. 中国农村经济，2021（04）：123-144.

[70] 梁鑫源，金晓斌，孙瑞，等. 粮食安全视角下的土地资源优化配置及其关键问题 [J]. 自然资源学报，2021，36（12）：3031-3053.

[71] 鲍曙光，冯兴元. 农业基础设施投入现状、问题及改进 [J]. 农村金融研究，2021（08）：3-10.

[72] 吴海洋. 高要求与硬任务迸发新动力——谈如何推进农村土地整治和建设 4 亿亩高标准基本农田 [J]. 中国土地，2011（10）：16-18.

[73] 马爱慧. 耕地生态补偿及空间效益转移研究 [D]. 武汉：华中农业大学，2011.

[74] 李祥云，陈建伟. 我国财政农业支出的规模、结构与绩效评估 [J]. 农业经济问题，2010，32（08）：20-25.

[75] 刘华周，陆学文，郭媛嫣，等. 财政支持农业科研机构的绩效评价指标体系研究——以农业科研机构新实验基地建设项目为例 [J]. 农业科技管理，2013，32（01）：50-53.

[76] 沈明，陈飞香，苏少青，等. 省级高标准基本农田建设重点区域划定方法研究——基于广东省的实证分析 [J]. 中国土地科学，2012，26（07）：28-33.

[77] 邵小宝. 耕地保护的意义、现状、问题及对策 [J]. 安徽农学通报（下半月刊），

2012，18（10）：5-7.

[78] 唐秀美，潘瑜春，刘玉，等. 基于四象限法的县域高标准基本农田建设布局与模式 [J]. 农业工程学报，2014，30（13）：238-246.

[79] 王晨，汪景宽，李红丹，等. 高标准基本农田区域分布与建设潜力研究 [J]. 中国人口·资源与环境，2014，24（S2）：226-229.

[80] 王万茂. 中国土地管理制度：现状、问题及改革 [J]. 南京农业大学学报（社会科学版），2013，13（04）：76-82.

[81] 朱传民，郝晋珉，陈丽，等. 基于耕地综合质量的高标准基本农田建设 [J]. 农业工程学报，2015，31（08）：233-242.

[82] 张效敬，黄辉玲. 黑龙江省高标准基本农田建设项目绩效评价研究——基于耕地质量等级视角 [J]. 价值工程，2014，33（28）：88-90.

[83] 郭贝贝，金晓斌，杨绪红，等. 基于农业自然风险综合评价的高标准基本农田建设区划定方法研究 [J]. 自然资源学报，2014，29（03）：377-386.

[84] 信桂新，杨朝现，杨庆媛，等. 用熵权法和改进 TOPSIS 模型评价高标准基本农田建设后效应 [J]. 农业工程学报，2017，33（01）：238-249.

[85] 熊昌盛，谭荣，岳文泽. 基于局部空间自相关的高标准基本农田建设分区 [J]. 农业工程学报，2015，31（22）：276-284.

[86] 陈少艺. 中央一号文件与"三农"政策 [D]. 上海：复旦大学，2014.

[87] 郭月婷，沈志宏，李利番. 基于行为—结果—反馈的粤西北山区"十二五"高标准农田建设绩效评价及低效因子诊断 [J]. 中国农业资源与区划，2018，39（06）：1-8.

[88] 曹博，赵芝俊. 高标准农田建设的政府和社会资本合作模式：经验、问题和对策 [J]. 世界农业，2017（10）：4-9.

[89] 李鹏山. 农田系统生态综合评价及功能权衡分析研究 [D]. 北京：中国农业大学，2017.

[90] 梁鑫源，金晓斌，韩博，等. 藏粮于地背景下国家耕地战略储备制度演进 [J]. 资源科学，2022，44（01）：181-196.

[91] 蒋瑜，濮励杰，朱明，等. 中国耕地占补平衡研究进展与述评 [J]. 资源科学，2019，41（12）：2342-2355.

[92] 杨伟，谢德体，廖和平，等. 基于高标准基本农田建设模式的农用地整治潜力分析 [J]. 农业工程学报，2013，29（07）：219-229.